# 碱金属和碱土金属氯化物水溶液热力学研究

韩海军　著

北　京

冶金工业出版社

2024

## 内 容 提 要

本书共 8 章，概述了电解质溶液理论及电解质溶液组分活度的测定方法；全面介绍了新研制的等压法测定水活度装置；同时论述了等压法测定水活度的实验方法、数据校正、等压参考体系选择、实验方法验证。本书还分别详细介绍了三元碱金属和碱土金属氯化物体系的热力学性质研究和热力学模型研究及其在水氯镁石提纯过程和高钙锶比卤水体系中分离提取氯化锶过程的应用实例。本书内容既具有了热力学理论，又具有实验方法和应用实例，体现了理论与实际相结合，可以帮助读者更好地理解和掌握电解质水溶液热力学方面的知识及应用。

本书适合作为从事盐湖化工、生物化工、湿法冶金等领域的技术人员，以及相关专业研究人员阅读和参考。

**图书在版编目 ( CIP ) 数据**

碱金属和碱土金属氯化物水溶液热力学研究/韩海军著 . —北京：冶金工业出版社，2024.3
ISBN 978-7-5024-9795-8

Ⅰ.①碱… Ⅱ.①韩… Ⅲ.①电解质—水溶液—化学热力学—研究 Ⅳ.①O646.1

中国国家版本馆 CIP 数据核字（2024）第 058390 号

**碱金属和碱土金属氯化物水溶液热力学研究**

| | | | |
|---|---|---|---|
| 出版发行 | 冶金工业出版社 | 电　　话 | （010）64027926 |
| 地　　址 | 北京市东城区嵩祝院北巷 39 号 | 邮　　编 | 100009 |
| 网　　址 | www.mip1953.com | 电子信箱 | service@ mip1953.com |

责任编辑　王　双　美术编辑　吕欣童　版式设计　郑小利
责任校对　石　静　责任印制　窦　唯
北京建宏印刷有限公司印刷
2024 年 3 月第 1 版，2024 年 3 月第 1 次印刷
710mm×1000mm　1/16；8.75 印张；171 千字；131 页
**定价 78.00 元**

投稿电话　（010）64027932　投稿信箱　tougao@cnmip.com.cn
营销中心电话　（010）64044283
冶金工业出版社天猫旗舰店　yjgycbs.tmall.com
（本书如有印装质量问题，本社营销中心负责退换）

# 前　　言

我国有丰富的盐湖卤水和油田水等天然的无机盐资源，富含钾、锂、硼、碘、溴、锶、镁、钙等多种元素。如我国钾资源储量的90%以上储存在盐湖中；我国已探明的锂资源工业用锂储量（包括锂辉石、透锂长石、锂云母等）中，盐湖卤水锂资源储量占79%。因此，如何从盐湖中分离提取这些有用元素，成为国内外学者高度关注的问题。

盐湖卤水是一类含有高浓度盐类的电解质水溶液，其加工过程通常同时涉及组成和温度的变化。这些复杂多组分盐湖卤水体系在等温和变温情况下的固液相平衡关系是设计和优化分步结晶工艺的理论基础。然而，与简单体系不同，通过实验手段测定复杂多组分体系的相平衡是一项极其复杂和繁重的工作。虽然一些研究人员已经投入了大量的工作，测定了很多重要复杂体系的相平衡，但是仅从这些已有的实验结果人们还不能够准确地了解这些体系随温度和组成变化时的完整相行为。近年来，随着电解质溶液理论和计算机技术的发展，相平衡计算技术获得了广泛的关注和空前的发展。相平衡计算技术可以通过对简单组分体系（通常是二元和三元体系）热力学和相平衡性质实验数据的热力学模拟来实现对复杂多组分体系热力学和相平衡性质的准确预测。因此，二元和三元这些简单组分体系的热力学和相平衡性质的测定对相平衡计算具有重要的支撑作用，对盐湖资源合理开发利用具有重要意义。

对碱金属和碱土金属氯化物体系的热力学性质早有研究，但研究工作主要集中在室温附近且以简单组分体系为主。为了丰富碱金属和碱土金属氯化物热力学性质研究工作的内容和温度，同时能让溶液热力学研究工作者了解碱金属和碱土金属氯化物体系热力学研究的意义、研究方法及具体的研究工作，特出版此书。本书第 1 章概述了电解质溶液理论及组分活度测定方法；第 2 章介绍了等压法测定水活度装置及测定方法；第 3~6 章分别介绍了三元碱（土）金属氯化物体系 Na(K)Cl-MgCl$_2$-H$_2$O、Na(K)Cl-CaCl$_2$-H$_2$O、KCl-Sr(Ba)Cl$_2$-H$_2$O 的热力学性质和热力学模型研究；第 7 章介绍了 NaCl-MgCl$_2$-H$_2$O 体系共饱线的测定及其在水氯镁石提纯过程的应用；第 8 章介绍了 CaCl$_2$-SrCl$_2$-H$_2$O 体系相平衡在高钙锶比卤水体系中分离提取氯化锶的应用。本书适合作为从事盐湖化工、生物化工、湿法冶金等领域的技术人员及相关专业研究人员阅读和参考。

　　本书涉及的科研工作得到了中国科学院青海盐湖研究所和中南大学的支持，在此特别提出感谢。本书中的研究内容得到了国家自然科学基金项目（项目号：52164037 和 21406253）的资助；本书的顺利出版得到了国家自然科学基金项目（项目号：52164037）、海南省自然科学基金高层次人才项目（项目号：221RC586）、海南省高等学校教育教学改革研究重点项目（项目号：Hnjg2022ZD-38）和海南热带海洋学院科研启动资助项目（项目号：RHDRC202102）的共同资助，在此表示衷心的感谢。

　　由于作者水平所限，书中不足之处，敬请读者批评指正。

作　者

2023 年 10 月

# 目　　录

# 1 电解质溶液理论及研究方法

## 1.1 电解质溶液理论

### 1.1.1 电解质溶液理论简介

电解质溶液普遍存在于化工、冶金、食品、生物、海洋、地质等各个领域，电解质溶液理论是相平衡、化学平衡计算的理论基础。Debye 和 Hückel 在 20 世纪初就提出了强电解质极稀溶液离子互吸模型，该模型是在静电学和统计力学基础上提出来的，在目前大多数大学物理化学教材中都有专门介绍。经过此后数十年科技的进步，人们在物质微观结构等领域的探索及统计理论的迅猛发展，研究者逐步提出了可以描述从极稀到中等浓度溶液甚至于饱和过饱和溶液性质的几十个热力学模型。比如，最简单用于描述极稀溶液的 Debye-Hückel 原始理论，在 Debye-Hückel 原始理论基础上提出的 Pitzer 原始模型，后来针对 Pitzer 模型的各种扩展修正形式，Pitzer-Simonson-Clegg 模型，主要针对高浓溶液体系的修正的 BET 模型、MSA 模型等。

### 1.1.2 Debye-Hückel 理论

Debye 和 Hückel 于 1923 年提出了强电解质溶液离子互吸理论[1]。该理论是以静电电学和统计力学为基础，建立了经过高度简化的离子氛模型。在这一模型中，Debye 和 Hückel 假设认为溶液中的每个离子都被带异号电荷的离子所包围，因为溶液中的正负离子存在相互作用，所以离子分布不均匀而形成了离子氛。其基本假设主要有以下几点：

（1）假设溶液中的溶质在所有浓度范围内都能够完全解离，这一假设对于没有缔合的电解质溶液是适用的；

（2）假设每个离子都是一个带有电荷的硬球，并且认为每个离子所带的电荷都不会发生极化，那么这样形成的离子电场就应该是球形对称的；

（3）假设每个离子之间存在的作用力只有一种库仑力，而其他类型的分子间作用力，比如排斥力等都不考虑，那么由于离子之间的相互作用力而产生的引力能比它的热运动能要小；

（4）因为在当时人们对于水的真实结构还无从知晓，提出者只能将溶剂水看作是连续的，认为水在溶液中仅具有提供介电常数的作用，并且由于溶液和纯溶剂的介电常数比较接近，因此没有考虑介电常数变化及溶剂与阴阳离子间可能发生的溶剂化作用。

根据上述几条假设，Debye 和 Hückel 经过了严格的数学推导，最后得出了稀溶液中电解质的平均活度系数的计算公式：

$$\ln f_{\pm} = -\frac{A|z_1 z_2|\sqrt{I}}{1 + Ba\sqrt{I}} \tag{1-1}$$

式中，$f_{\pm}$ 为离子的平均活度系数；$z_i$ 为正负离子所带的电荷数；$I$ 为溶液的离子强度；$a$ 为离子平均有效直径；$A$、$B$ 分别为常数，它们的值与溶液温度以及溶剂的种类相关，当 298.15 K 的水，$A=0.5115$，$B=0.3291$。

式（1-1）的适用范围很小，只能适用于离子强度小于 0.01 mol/kg 的稀浓度电解质溶液，应用到高浓度范围内的电解质溶液时偏差会变得很大，这种巨大偏差主要来自最初提出的几条基本假设，这也正是 Debye-Hückel 理论的缺陷所在。由于当时模型的提出者并不知道水的真实结构，他们只能在提出基本假设的时候把溶剂水看作连续介质来考虑，并且他们仅对离子间的库仑力给予了表达，把离子间的短程作用力完全不予考虑，所以此模型也被后来的研究者们称为 Debye-Hückel 原始模型。Debye-Hückel 原始模型及后来由其他研究者根据该模型和假定所推导出的公式虽然在电解质适用浓度上仍然有很大限制，但到目前为止，Debye-Hückel 模型在电解质溶液理论的发展上仍然占有很重要的基础地位。

### 1.1.3 Pitzer 模型

自 1973 年以后，Pitzer 先后发表过一系列的研究[2-12]，报道了其在 Debye-Hückel 原始理论的基础上，采用新的统计力学方法建立的一个半经验的统计力学电解质溶液理论，称为 Pitzer 电解质溶液理论。

Pitzer[2] 以统计力学为基础，把研究的出发点选定在溶液的径向分布函数，1973 年 Pitzer 首先推导出了电解质溶液总的过量吉布斯自由能的数学表达式，由此推导出来了用于计算渗透系数的数学公式，最后他给出了能用于实际计算的公式[2]，并且他将此公式用到了 200 多种的电解质单盐体系及它们的混合溶液的计算中，这些计算获得的结果与实验值相比较都符合得非常好。

Pitzer 在其提出的这一理论的基本点是统计力学，但是如果严格地从统计力学原理针对电解质溶液进行一步步处理过于复杂。因此 Pitzer 在建立这一理论时进行了优化，用于描述以下三种位能：

（1）一对离子间的长程静电能；

（2）短程"硬心效应"位能，指的是除了离子间的长程静电能以外的一切"有效位能"，主要指的是二离子之间的排斥能，如此一来，Pitzer 恰好将 Debye-Hückel 原始理论中没有考虑的加进来了；

（3）三个离子间的相互作用能，这一项是比较小的一项，一般只有当电解质溶液的浓度高时才被用到。

这一由 Pitzer 提出来的普适公式[2]，在实际用于计算二元盐水体系或混合体系溶液的热力学性质时，用于表达溶液体系总的过量吉布斯自由能有如下的公式：

$$\frac{G^{ex}}{RT} = n_w f(I) + \frac{1}{n_w}\sum_i\sum_j \lambda_{ij}(I)n_in_j + \frac{1}{n_w^2}\sum_i\sum_j\sum_k \mu_{ijk}n_in_jn_k \qquad (1-2)$$

式中，$G^{ex}$ 为过量吉布斯自由能；$n_w$ 为溶液中所含溶剂的质量，kg；$n_i$，$n_j$，$\cdots$分别为溶质 $i$，$j$，$\cdots$的质量摩尔浓度，mol/kg；$I$ 为离子强度，$I = \frac{1}{2}\sum m_iz_i^2$，其中 $z_i$ 为正负离子 $i$ 的价态；$f(I)$ 为与离子强度 $I$ 有关的一个函数表达式；$\lambda_{ij}(I)$ 为由两个不同 $i$、$j$ 粒子间的短程力带给 $I$ 的函数表达式；$n_w f(I)$ 为静电引力，即考虑的第一种静电引力位能；$\frac{1}{n_w}\sum_i\sum_j \lambda_{ij}(I)n_in_j$ 为短程位能，它是指考虑进来的短程"硬心效应"位能，其中含有色散以及硬球排斥等相互作用位能；$\frac{1}{n_w^2}\sum_i\sum_j\sum_k \mu_{ijk}n_in_jn_k$ 为三个粒子间的相互作用项，即考虑的高浓度需要用到的，$\mu_{ijk}$ 为三粒子作用参数，也称作第三维里系数，当三种粒子的电荷符号相同时这一项等于 0。

因为 Pitzer 提出该模型时依旧把溶剂作为连续介质来看待，仍然没有将溶剂与其他粒子间本应有的各种相互作用考虑进来，因此人们仍然将此 Pitzer 模型作为电解质溶液原始模型。

随后，Pitzer 等人[11]还继续推导出了溶液体系的渗透系数的数学关系式，以及能够直接计算溶液体系中离子活度系数的数学关系式：

$$\phi - 1 = -\frac{\partial G^{ex}/\partial n_w}{RT\sum_i m_i} = \left(2/\sum_i m_i\right)\left[-A_\phi I^{3/2}/(1 + bI^{1/2}) + \sum_c\sum_a m_cm_a(B_{ca}^\phi + ZC_{ca}) + \right.$$

$$\left. \sum_c\sum_{<c'} m_cm_{c'}\left(\Phi_{cc'}^\phi + \sum_a m_a\psi_{cc'a}\right) + \sum_a\sum_{<a'} m_am_{a'}\left(\Phi_{aa'}^\phi + \sum_c m_c\psi_{caa'}\right)\right]$$

$$(1-3)$$

$$\ln\gamma_M = \frac{1}{RT}\frac{\partial G^{ex}}{\partial m_M} = z_M^2 F + \sum_a m_a(2B_{Ma} + ZC_{Ma}) + \sum_c m_c\left(2\Phi_{Mc} + \sum_a m_a\psi_{Mca}\right) +$$

$$\sum_a\sum_{<a'} m_am_{a'}\psi_{Maa'} + |z_M|\sum_c\sum_a m_cm_aC_{ca} \qquad (1-4)$$

$$\ln\gamma_X = \frac{1}{RT}\frac{\partial G^{ex}}{\partial m_X} = z_X^2 F + \sum_c m_c(2B_{cX} + ZC_{cX}) + \sum_a m_a\left(2\Phi_{Xa} + \sum_c m_c\psi_{cXa}\right) +$$

$$\sum_c\sum_{<c'} m_cm_{c'}\psi_{cc'X} + |z_X|\sum_c\sum_a m_cm_aC_{ca} \qquad (1-5)$$

其中

$$F = -A_\phi [I^{1/2}/(1 + bI^{1/2}) + (2/b)\ln(1 + bI^{1/2})] + \sum_c \sum_a m_c m_a B'_{ca} +$$

$$\sum_c \sum_{<c'} m_c m_{c'} \Phi'_{cc'} + \sum_a \sum_{<a'} m_a m_{a'} \Phi'_{aa'}$$

$$Z = \sum_i m_i |z_i|$$

$$C_{MX} = C^\phi_{MX}/2 (|z_M z_X|)^{1/2}$$

$$B^\phi_{MX} = \beta^{(0)}_{MX} + \beta^{(1)}_{MX} \exp(-\alpha_1 I^{1/2}) + \beta^{(2)}_{MX} \exp(-\alpha_2 I^{1/2})$$

$$B_{MX} = \beta^{(0)}_{MX} + \beta^{(1)}_{MX} g(\alpha_1 I^{1/2}) + \beta^{(2)}_{MX} g(\alpha_2 I^{1/2})$$

$$B'_{MX} = [\beta^{(1)}_{MX} g'(\alpha_1 I^{1/2}) + \beta^{(2)}_{MX} g'(\alpha_2 I^{1/2})]I$$

$$g(x) = 2[1 - (1 + x)\exp(-x)]/x^2$$

$$g'(x) = -2[1 - (1 + x + x^2/2)\exp(-x)]/x^2$$

$$\Phi_{ij} = \theta_{ij} + {}^E\theta_{ij}(I)$$

$$\Phi'_{ij} = {}^E\theta'_{ij}(I)$$

$$\Phi^\phi_{ij} = \theta_{ij} + {}^E\theta_{ij}(I) + I^E\theta'_{ij}(I)$$

式中，M、$c$、$c'$ 表示阳离子；X、$a$、$a'$ 表示阴离子；$z_M$、$z_X$ 分别代表阳离子和阴离子所带的电荷；$I$ 代表的是离子强度；$A_\phi$ 为 Debye-Hückel 参数，它是与介电常数、水密度和温度有关的函数，298.15 K 时 $A_\phi = 0.3915$；$\beta^{(0)}_{MX}$、$\beta^{(1)}_{MX}$、$\beta^{(2)}_{MX}$、$C^\phi_{MX}$ 代表的是阴阳离子对的相互作用参数，而 $\beta^{(2)}_{MX}$ 仅用于 2∶2 价或更高价电解质溶液；$\theta_{ij}$ 为两个同号离子 $i$，$j$ 之间的相互作用的参数，这个参数来自 Pitzer 方程中第二项；$\psi_{ijk}$ 为三粒子混合参数，来自 Pitzer 方程中的第三项；$B$ 为常数，值为 1.2 kg$^{1/2}$/mol$^{1/2}$。对于 1∶1，2∶1，3∶1 型电解质，$\alpha_1$ 取 2.0 kg$^{1/2}$/mol$^{1/2}$。对于 2-2 型电解质，需要引入 $\beta^{(2)}_{MX}$，$\alpha_1$ 和 $\alpha_2$ 分别取 1.4 kg$^{1/2}$/mol$^{1/2}$、12 kg$^{1/2}$/mol$^{1/2}$。

Pitzer 模型计算公式与 Debye-Hückel 原始模型方法类似，它们都是将物质无限稀释时的状态作为参考态来计算活度系数的。

在很多文章中，Pitzer 模型参数经常被拟合成与温度 $T$ 相关的各种表达形式[11-14]。

在 Pitzer 提出其模型后不久，Harvie 和 Wear 就将其直接应用于经典的海水体系 Na-K-Mg-Ca-H-Cl-SO$_4$-OH-HCO$_3$-CO$_3$-CO$_2$-H$_2$O 相平衡的理论计算中[15-16]，这样，他们便将 Pitzer 电解质溶液模型的应用推广到了高离子强度体系。

Pabalan 等人[11]也使用 Pitzer 电解质热力学模型开展了相图的计算工作，并针对复杂体系 Na-K-Mg-Cl-SO$_4$-OH-H$_2$O 的低元（二和三）子体系相图在从低温到高温（273.15~473.15 K）进行了计算，而且他们不使用混合参数直接针对四元体系 NaCl-KCl-MgCl$_2$-H$_2$O 的多温溶解度进行了预测，他们的工作将 Pitzer 电解质热力学模型应用范围拓展到了高温。

在国内，宋彭生等人[17]最先使用 Pitzer 理论进行水盐溶解平衡计算。随后，针对我国盐湖资源富含硼、锂、钾的特点，宋彭生等人[18-19]又用 Pitzer 模型进行众多多组分体系溶解度的计算。针对 Li$^+$、Na$^+$、K$^+$、Mg$^{2+}$/Cl$^-$、SO$_4^{2-}$-H$_2$O 多组分体系，宋彭生等人[20-21]给出了上述体系的所有子体系的 Pitzer 单盐参数及混合作用参数，利用该模型完整地描述了 298.15 K 含锂体系的盐湖卤水相平衡关系。

### 1.1.4 Pitzer-Simonson-Clegg 模型

1986 年，Pitzer 和 Simonson[22-23]提出了一个以摩尔分数作为基础的电解质热力学模型。他们在这一模型中将过量吉布斯自由能分成两部分来分别进行描述，一项是采用离子强度分数作为函数的 Debye-Hückel 长程静电项，另一项是用三粒子相互作用的 Margules 扩展式来描述短程项，而且他们成功地将此模型应用到了高温下三元体系 LiNO$_3$-KNO$_3$-H$_2$O 的热力学性质的表达；为了更好地描述高浓电解质溶液的热力学性质，Clegg 和 Pitzer[24-25]又在 1992 年将他们提出的这一方程中的 Debye-Hückel 项进行了进一步的修正，他们在 Debye-Hückel 项中引进了与组成相关的一项，从而为该模型在低浓度用于描述热力学性质时精度得到了提高。他们又将该模型的第二项里面的 Margules 方程增加到了四尾标，这一增加项被用作描述高浓溶液中溶剂组分和阴阳离子间的短程作用位能，如此一来，Pitzer-Simonson-Clegg 模型完全能适用于高浓度多组分体系的热力学性质计算。Pitzer-Simonson-Clegg（PSC）模型描述任意组成的多元电解质溶液体系时，过量吉布斯自由能 $G^{ex}$ 表达也是包含两项：一项是短程作用项 $G^S$，一项是长程 Debye-Hückel 项 $G^{DH}$。

Pitzer-Simonson-Clegg 模型用来计算电解质溶液中阳、阴离子的活度系数（$f_M$ 代表阳离子，$f_X$ 代表阴离子），以及水的活度系数 $f_1$ 的具有如下数学表达式：

对于单一电解质：

$$\ln f_1 = 2A_x I_x^{3/2}/(1+\rho I_x^{1/2}) - x_M x_X B_{MX}\exp(-\alpha I_x^{1/2}) - x_M x_X B_{MX}^1\exp(-\alpha_1 I_x^{1/2}) + x_I^2[W_{1,MX} + (x_I - x_1)U_{1,MX}] + 4x_1 x_M x_X(2-3x_1)V_{1,MX} \tag{1-6}$$

$$\ln f_M = -z_M^2 A_x\left[\frac{2}{\rho}\ln(1+\rho I_x^{1/2}) + I_x^{1/2}(1-2I_x/z_M^2)/(1+\rho I_x^{1/2})\right] +$$

$$x_X B_{MX}g(\alpha_{MX}I_x^{1/2}) - x_M x_X B_{MX}\{z_M^2 g(\alpha_{MX}I_x^{1/2})/(2I_x) + [1-z_M^2/$$

$$(2I_x)]\exp(-\alpha_{MX}I_x^{1/2})\} + x_X B_{MX}^1 g(\alpha_{MX}^1 I_x^{1/2}) - x_M x_X B_{MX}^1\{z_M^2 g(\alpha_{MX}^1 I_x^{1/2})/$$

$$(2I_x) + [1-z_M^2/(2I_x)]\exp(-\alpha_{MX}^1 I_x^{1/2})\} + x_1[(z_M+z_X)/(2z_X) -$$

$$x_I]W_{1,MX} + x_1 x_I[(z_M+z_X)/z_X - 2x_I]U_{1,MX} + 4x_I^2 x_X(1-3x_M)V_{1,MX} -$$

$$\frac{1}{2}[(z_M+z_X)/z_X]W_{1,MX} \tag{1-7}$$

$$\ln f_X = -z_X^2 A_x \left[ \frac{2}{\rho}\ln(1+\rho I_x^{1/2}) + I_x^{1/2}(1-2I_x/z_X^2)/(1+\rho I_x^{1/2}) \right] +$$

$$x_M B_{MX} g(\alpha_{MX} I_x^{1/2}) - x_M x_X B_{MX} \{ z_X^2 g(\alpha_{MX} I_x^{1/2})/(2I_x) + [1 - z_X^2/$$

$$(2I_x)]\exp(-\alpha_{MX} I_x^{1/2})\} + x_M B_{MX}^1 g(\alpha_{MX}^1 I_x^{1/2}) - x_M x_X B_{MX}^1 \{ z_X^2 g(\alpha_{MX}^1 I_x^{1/2})/$$

$$(2I_x) + [1 - z_X^2/(2I_x)]\exp(-\alpha_{MX}^1 I_x^{1/2})\} + x_1[(z_M+z_X)/(2z_M) -$$

$$x_I]W_{1,MX} + x_1 x_I[(z_M+z_X)/z_M - 2x_I]U_{1,MX} + 4x_I^2 x_M(1-3x_X)V_{1,MX} -$$

$$\frac{1}{2}[(z_M+z_X)/z_M]W_{1,MX} \tag{1-8}$$

对于对称或非对称电解质溶液：

$$\ln f_1 = 2A_x I_x^{3/2}/(1+\rho I_x^{1/2}) - x_M x_X B_{MX}\exp(-\alpha_{MX} I_x^{1/2}) - x_M x_X B_{MX}^1\exp(-\alpha_{MX}^1 I_x^{1/2}) -$$

$$x_N x_X B_{NX}\exp(-\alpha_{NX} I_x^{1/2}) - x_N x_X B_{NX}^1\exp(-\alpha_{NX}^1 I_x^{1/2}) - 2x_M x_N(v_{MN}+I_x v_{MN}') +$$

$$(1-x_1)(1/F)[E_M(z_M+z_X)/(z_M z_X)W_{1,MX} + E_N(z_N+z_X)/(z_N z_X)W_{1,NX}] +$$

$$(1-2x_1)x_X[x_M(z_M+z_X)^2/(z_M z_X)U_{1,MX} + x_N(z_N+z_X)^2/(z_N z_X)U_{1,NX}] +$$

$$4x_1(2-3x_1)x_X(x_M V_{1,MX} + x_N V_{1,NX}) - 2x_M x_N W_{MNX} - 4x_M x_N(x_M/v_{M(X)} -$$

$$x_N/v_{N(X)})U_{MNX} + 4(1-2x_1)x_M x_N Q_{1,MNX} \tag{1-9}$$

$$\ln f_M = -z_M^2 A_x \left[ \frac{2}{\rho}\ln(1+\rho I_x^{1/2}) + I_x^{1/2}(1-2I_x/z_M^2)/(1+\rho I_x^{1/2}) \right] +$$

$$x_X B_{MX} g(\alpha_{MX} I_x^{1/2}) + x_X B_{MX}^1 g(\alpha_{MX}^1 I_x^{1/2}) - x_M x_X B_{MX} \{ z_M^2 g(\alpha_{MX} I_x^{1/2})/$$

$$(2I_x) + [1 - z_M^2/(2I_x)]\exp(-\alpha_{MX} I_x^{1/2})\} - x_M x_X B_{MX}^1 \{ z_M^2 g(\alpha_{MX}^1 I_x^{1/2})/$$

$$(2I_x) + [1 - z_M^2/(2I_x)]\exp(-\alpha_{MX}^1 I_x^{1/2})\} - x_N x_X B_{NX} \{ z_M^2 g(\alpha_{NX} I_x^{1/2})/$$

$$(2I_x) + [1 - z_M^2/(2I_x)]\exp(-\alpha_{NX} I_x^{1/2})\} - x_N x_X B_{NX}^1 \{ z_M^2 g(\alpha_{NX}^1 I_x^{1/2})/$$

$$(2I_x) + [1 - z_M^2/(2I_x)]\exp(-\alpha_{NX}^1 I_x^{1/2})\} + 2x_N \{ v_{MN} - x_M[v_{MN} +$$

$$v_{MN}'(I_x - z_M^2/2)]\} + x_1 \{ (z_M+z_X)/z_X W_{1,MX} - (z_M/2+1/F)[E_M(z_M +$$

$$z_X)/(z_M z_X)W_{1,MX}] + E_N(z_N+z_X)/(z_N z_X)W_{1,NX} \} + x_1 x_X \{ (z_M+z_X)^2/$$

$$(z_M z_X)U_{1,MX} - 2[x_M(z_M+z_X)^2/(z_M z_X)U_{1,MX} + x_N(z_N+z_X)^2/(z_N z_X)U_{1,NX}]\} +$$

$$4x_1^2 x_X(V_{1,MX} - 3x_M V_{1,MX} - 3x_N V_{1,NX}) + 2(x_N W_{MNX} - x_M x_N W_{MNX}) +$$

$$2[x_N(2x_M/v_{M(X)} - x_N/v_{N(X)})U_{MNX} - 2x_M x_N(x_M/v_{M(X)} - x_N/v_{N(X)})U_{MNX}] +$$

$$4x_1(x_N Q_{1,MNX} - 2x_M x_N Q_{1,MNX}) - \left[ (1-E_M/2)(z_M+z_X)/z_X W_{1,MX} - \right.$$

$$\left. \frac{1}{2}z_M E_N(z_N+z_X)/(z_N z_X)W_{1,NX} \right] \tag{1-10}$$

$$
\begin{aligned}
\ln f_X =& -z_X^2 A_x \left[ \frac{2}{\rho} \ln(1 + \rho I_x^{1/2}) + I_x^{1/2}(1 - 2I_x/z_X^2)/(1 + \rho I_x^{1/2}) \right] + \\
& x_M B_{MX} g(\alpha_{MX} I_x^{1/2}) + x_M B_{MX}^1 g(\alpha_{MX}^1 I_x^{1/2}) + x_N B_{NX} g(\alpha_{NX} I_x^{1/2}) + \\
& x_N B_{NX}^1 g(\alpha_{NX}^1 I_x^{1/2}) - x_M x_X B_{MX} \{ z_X^2 g(\alpha_{MX} I_x^{1/2})/(2I_x) + [1 - z_X^2/ \\
& (2I_x)] \exp(-\alpha_{MX} I_x^{1/2}) \} - x_M x_X B_{MX}^1 \{ z_X^2 g(\alpha_{MX}^1 I_x^{1/2})/(2I_x) + [1 - \\
& z_X^2/(2I_x)] \exp(-\alpha_{MX}^1 I_x^{1/2}) \} - x_N x_X B_{NX} \{ z_X^2 g(\alpha_{NX} I_x^{1/2})/(2I_x) + \\
& [1 - z_X^2/(2I_x)] \exp(-\alpha_{NX} I_x^{1/2}) \} - x_N x_X B_{NX}^1 \{ z_X^2 g(\alpha_{NX}^1 I_x^{1/2})/(2I_x) + \\
& [1 - z_X^2/(2I_x)] \exp(-\alpha_{NX}^1 I_x^{1/2}) \} - 2x_M x_N [v_{MN} + v_{MN}'(I_x - z_X^2/2)] + \\
& x_1 E_M [(z_M + z_X)/z_M W_{1,MX} - (z_X/2 + 1/F)(z_M + z_X)/(z_M z_X) W_{1,MX}] + \\
& x_1 E_N [(z_N + z_X)/z_N W_{1,NX} - (z_X/2 + 1/F)(z_N + z_X)/(z_N z_X) W_{1,NX}] + \\
& x_1 x_M [(z_M + z_X)^2/(z_M z_X) U_{1,MX} - 2x_X(z_M + z_X)^2/(z_M z_X) U_{1,MX}] + \\
& x_1 x_N [(z_N + z_X)^2/(z_N z_X) U_{1,NX} - 2x_X(z_N + z_X)^2/(z_N z_X) U_{1,NX}] + \\
& 4x_1^2 x_M (V_{1,MX} - 3x_X V_{1,MX}) + 4x_1^2 x_N (V_{1,NX} - 3x_X V_{1,NX}) - 2x_M x_N W_{MNX} - \\
& 4x_M x_N (x_M/v_{M(X)} - x_N/v_{N(X)}) U_{MNX} - 8x_1 x_M x_N Q_{1,MNX} - \frac{1}{2} [E_M(z_M + \\
& z_X)/z_M W_{1,MX} + E_N(z_N + z_X)/z_N W_{1,NX}]
\end{aligned}
\tag{1-11}
$$

式中，$W_{MNX}$、$Q_{1,MNX}$、$U_{MNX}$ 为三元模型参数。

PSC 模型计算公式中的溶剂全部使用纯物质作为参考态，但是溶质中的阴、阳离子则使用无限稀释时作为参考态，这一点与 Pitzer 原始模型差别非常大。

Clegg 等人[25]使用这一有别于原始 Pitzer 模型的新模型，描述了一批含有酸的水盐体系 H-M-Cl-$H_2O$(M = Al, Mg, Ca, Sr)，H-M-$NO_3$-$H_2O$(M = La, Ca)中单盐的活度系数及三元混合体系的相图，并且只用单盐模型参数和三元混合参数直接预测四元体系 Mg-Ca-K-Cl-$H_2O$、Na-Mg-Cl-$SO_4$-$H_2O$ 和 Na-K-Mg-$SO_4$-$H_2O$ 在 298.15 K 的相图，他们用模型预测的结果与文献报道的实验值比较已经吻合较好。但是同时他们也发现，当仅使用二元 PSC 模型参数直接预测多组分体系的热力学性质时，模型预测结果与实验值之间可能会出现很大的偏差，并且 PSC 模型的参数与温度之间的关系变化很大。由此我们发现，PSC 模型比 Pitzer 模型在计算电解质溶液时的应用浓度和计算精准度方面有优势，但同时 PSC 模型方程也比 Pitzer 模型更加复杂。

尹霞等人[26]使用了包括 Pitzer 原始模型和扩展的模型，以及 PSC 模型、S-MSA 模型和 BET 模型在内的多种热力学模型，分别对一批高浓度的二元体系的热力学性质分别进行表达。模拟结果显示，在这几种热力学模型中，相比较而言 PSC 模型更加适用于描述高溶解性二元体系的热力学性质。

黄雪莉等人[27]也采用了 PSC 模型对新疆含硝石盐湖的子体系 $Na^+$, $K^+$/$Cl^-$, $SO_4^{2-}$-$H_2O$ 体系进行 298.15 K 液固相平衡研究。他们计算的溶解度数据结果与实验值还是存在一定的偏差，他们认为原因是在使用 PSC 模型计算过程中进行了简化，忽略了四粒子之间的相互作用模型参数。

Marion 将以摩尔分数为基础的 PSC 模型转化为以质量摩尔浓度为基础的 PSC 模型，计算了 200~298 K 低温状态下含 HCl、$HNO_3$、$H_2SO_4$ 等酸体系相图[13]。

### 1.1.5 平均球近似模型

Lebowitz 和 Percus[28]在处理硬球晶格气体及连续流体时，最早提出了平均球近似理论（Mean Spherical Approximation，MSA）。为更准确描述高浓电解质溶液的热力学性质，众多研究者[29-33]先后对原始 MSA 模型进行了修正，其中 Simonin 等人[34-35]修饰的 MSA（简称 S-MSA）模型认为溶剂的介电常数和离子直径随电解质溶液浓度及温度而变化，给出了用于电解质溶液热力学性质计算的表达式，并用于计算多种高浓度强电解质溶液及其混合溶液的活度和渗透系数，结果比较理想。

这一模型在用来描述 McMillan-Mayer（MM）表述态下具有如下的数学公式：

$$\phi^{MM} = 1 + \Delta\phi^{MSA} + \Delta\phi^{HS} \tag{1-12}$$

$$\Delta\phi^{MSA} = -\Gamma^3/(3\pi\rho) - 2\beta e^2\eta^2/(\varepsilon\pi\rho_t) + \frac{1}{\rho_t}\sum_i \rho_i q_i D(\sigma_i) + \varepsilon D(\varepsilon^{-1})(\beta\Delta E^{MSA}/\rho_t)$$
$$\tag{1-13}$$

其中
$$\Delta E^{MSA} = \sum_i \Delta E_i^{MSA}$$

$$\Delta E_i^{MSA} = -\rho_i z_i N_i(e^2/\varepsilon) \quad (e \text{ 为元电荷；} \rho \text{ 为数密度})$$

$$N_i = (\Gamma z_i + \eta\sigma_i)/(1 + \Gamma\sigma_i)$$

$$\eta = (\pi/2\Delta\Omega)\sum_k \rho_k\sigma_k z_k/(1 + \Gamma\sigma_k)$$

$$\Delta = 1 - \frac{\pi}{6}\sum_k \rho_k\sigma_k^3$$

$$\Omega = 1 + (\pi/2\Delta)\sum_k \rho_k\sigma_k^3/(1 + \Gamma\sigma_k)$$

$$\rho_t = \sum_i \rho_i$$

$$\beta = \frac{1}{kT}$$

$$q_j = \frac{\beta e^2}{\varepsilon}\left[\frac{\Gamma^2 z_j^2}{(1 + \Gamma\sigma_j)^2} + \eta\frac{\eta\sigma_j^2(2 - \Gamma^2\sigma_j^2) - 2z_j}{(1 + \Gamma\sigma_j)^2}\right]$$

$$\Gamma^2 = (\pi\beta e^2/\varepsilon)\sum_i \rho_i\left[(z_i - \eta\sigma_i^2)/(1 + \Gamma\sigma_i)\right]^2$$

$$\sigma_+ = \sigma_+^{(0)} + \sigma_+^{(1)}c$$

$$\varepsilon^{-1} = \varepsilon_w^{-1}(1 + \alpha c)$$

$$D = \sum_j \rho_j \frac{\partial}{\partial \rho_j}$$

$$\Delta\phi^{HS} = X_3/(1 - X_3) + 3X_1X_2/[X_0(1 - X_3)^2] + X_2^3(3 - X_3)/X_0(1 - X_3)^3 +$$

$$\frac{1}{\rho_t}\sum_j \rho_j Q_j D(\sigma_j) \tag{1-14}$$

其中

$$Q_i = F_1 + 2\sigma_i F_2 + 3\sigma_i^2 F_3$$

$$F_1 = 3X_2/x$$

$$F_2 = 3X_1/x + (3X_2^2/X_3x^2) + (3X_2^2/X_3^2)\ln x$$

$$F_3 = (X_0 - X_2^3/X_3^2)\frac{1}{x} + (3X_1X_2 - X_2^3/X_3^2)/x^2 + 2(X_2^3/X_3x^3) - 2(X_2^3/X_3^3)\ln x$$

$$X_n = \frac{\pi}{6}\sum_k \rho_k \sigma_k^n$$

$$x = 1 - X_3$$

同时，常用的 Lewis-Randall（LR）描述状态下的渗透系数与上述描述状态下的渗透系数之间也存在着一定关系：

$$\phi^{LR} = \phi^{MM}(1 - CV_\pm) \tag{1-15}$$

其中

$$C = m/V$$

$$m \equiv \sum_i m_i$$

$$V = \left(1 + \sum_i m_i M_i\right)/\rho$$

$$V_\pm = (M - \rho')/(\rho - C\rho')$$

$$M = \frac{1}{m}\sum_i m_i M_i$$

$$\rho' \equiv \left[\frac{\partial \rho}{\partial C}\right]_{x_i}$$

溶液的密度 $\rho$ 随温度和盐浓度而变化的关系参数参考文献数据[36]。

同时参照 Monnin 等人[37]对此处理方式，并考虑模型参数随温度和溶液浓度等因素而变化，则有：

$$\sigma_+(c, T) = \sigma_+^{(0)} + \sigma_+'^{(0)}\Delta T + (\sigma_+^{(1)} + \sigma_+'^{(1)}\Delta T)c$$

$$\varepsilon^{-1}(c, T) = \varepsilon_w^{-1}[1 + (\alpha + \alpha'\Delta T)c]$$

$$\Delta T = T - 298.15 \text{ K}$$

式中，$\phi$ 为渗透系数；$\Gamma$ 为屏蔽参数；$\varepsilon$ 为溶液的介电常数；$\varepsilon_w$ 为溶剂水的相对介电常数；$k$ 为玻耳兹曼常数，J/K；$\Delta E^{MSA}$ 为单位体积的超额内能，J/Å$^3$；$\sigma$ 为离子的平均直径，Å；$c$ 为溶质的物质的量浓度，mol/L；$V$ 为单位质量溶剂中溶液的体积，L/mol；$m$ 为溶质的质量摩尔浓度，mol/kg；$M$ 为溶质的摩尔质量，g/mol；

$\rho$ 为溶液的密度, kg/L; $V_\pm$ 为溶质的平均偏摩尔体积, L/mol; $\sigma_+^{(0)}$、$\sigma_+'^{(0)}$、$\sigma_+^{(1)}$、$\sigma_+'^{(1)}$、$\alpha$、$\alpha'$ 分别为待拟合的模型参数。

### 1.1.6   BET 模型

BET 方程最初是由 Brunauer、Emmett 和 Teller 三人在 1938 年提出, BET 方程的名称就是采用了三人名字的首字母, 它是用于描述气体在固体表面上面发生吸附作用的等温方程[38]。Stokes 和 Robinson[39] 于 1948 年在研究高浓度电解质溶液的性质时提出了这样的观点, 他们认为在极稀电解质溶液中占优势的相互作用力是离子间的静电引力, 也就是 Debye-Hückel 原始方程能够用来描述的溶液性质; 但是如果在高浓度的电解质溶液中更占优势的作用力可能转变为离子水合后之间的相互作用。Stokes 和 Robinson 在此又提出, 离子的水化数除了包围在离子第一层的水化数外, 还应包含第一层以外的水化数, 假设离子处于不同的水化状态, 最终达到平衡。Stokes 和 Robinson 提出的这一原理很像最初的 BET 气体吸附理论[38]。

Stokes 和 Robinson 对原始的 BET 方程进行了适当的修正, 他们经过数学关系推导提出了新的 BET 模型, 这个修正的 BET 模型在描述高浓度电解质溶液中水的活度时非常适用, 它的表达式为:

$$a_w m_s / (1 - a_w) = 1/cr + \left[ (1 - c)/cr \right] a_w \tag{1-16}$$

式中, $c$、$r$ 为 BET 模型参数, BET 模型参数可以通过对实验数据 (水活度、活度系数和渗透系数等) 进行拟合来获得; 下角 w 表示溶剂是水, s 表示的是盐。

因为 Stokes 和 Robinson 提出的 BET 模型仅仅考虑了离子与溶剂之间的作用力, 完全忽略了阴阳离子之间存在的静电引力, 因此无法用于描述稀浓度和中低浓度下溶液的性质。

为了能描述二元高溶解性盐-水体系的溶解度, Voigt[40] 在 Stokes 和 Robinson 修正的 BET 模型基础上运用 Gibbs-Duhem 公式, 通过求解微分方程推导出计算二元盐-水体系中盐的活度表达式:

$$\ln a_s = r \ln \frac{a_w - 1}{a_w(1 - c) - 1} \tag{1-17}$$

在 BET 模型中, 溶剂是以液态水作为参考态的, 溶质则以熔盐作为参考态。

Ally 和 Braunstein[41] 在统计机理的基础上也对 BET 模型进行了新的修正, 他们推导出了二元体系的活度表达式, 其结果与 Voigt 的表达式相一致。为了将他们修正的 BET 模型推广到多组分溶液体系, Ally 和 Braunstein[41] 将盐-盐之间的混合假设为理想形式, 从而推导用于描述多组分体系溶液中组分活度的数学公式:

$$a_w = \left( N_w - \sum_i N_{i(M)} \right) / N_w \tag{1-18}$$

$$a_i = \frac{N_i}{\sum_i N_i}\left(\frac{r_i N_i - N_{i(\mathrm{M})}}{r_i N_i}\right)^{r_i} \tag{1-19}$$

式中，$a_i$ 为组分 $i$ 的活度；$N_i$ 为组分 $i$ 的物质的量，mol；$N_{i(\mathrm{M})}$ 为吸附在盐 $i$ 表面上水的物质的量，mol；$r_i$ 为盐 $i$ 的 BET 模型参数，当二元 BET 参数 $r_i$ 和 $c_i$ 确定以后，$N_{i(\mathrm{M})}$ 的值可以从式（1-20）计算得到：

$$\frac{N_{i(\mathrm{M})}\sum_i N_{i(\mathrm{M})}}{\left(r_i N_i - N_{i(\mathrm{M})}\right)\left(N_{\mathrm{w}} - \sum_i N_{i(\mathrm{M})}\right)} = c_i = \exp\frac{-\Delta E_i}{RT} \tag{1-20}$$

式中，$\Delta E_i = U_i - U_{\mathrm{L}}$，$U_i$ 和 $U_{\mathrm{L}}$ 分别为水在盐 $i$ 上的单层吸附能和纯水的液化热。

由于实际溶液并非理想混合，因此为更准确计算多元混合溶液的热力学性质，Abraham 等人[42]用正规溶液模型表达盐–盐相互作用，修正了 Ally 和 Braunstein[41]给出多元体系组分活度的 BET 模型表达，则盐 $i$ 的活度表达式变为：

$$a_i = \left(N_i\Big/\sum_i N_i\right)\left\{\left(r_i N_i - N_{i(\mathrm{M})}\right)\big/\left(r_i N_i\right)\right\}^{r_i}\prod_{j\neq i}\exp\left(\frac{\Omega_{ij}}{RT}x_j\right) \tag{1-21}$$

式中，$\Omega_{ij}$ 为盐 $i$ 和 $j$ 的经验相互作用参数，$x_j$ 为非盐 $i$ 在干基中的摩尔分数。

经过 Abraham 等人[42]修正的新的模型变得更加简洁，同时模型的参数也变得更少（二元模型参数只有 2 个，三元模型参数只有 1 个），并且它们的物理意义也变得更加明确，最主要的是模型的二元参数受温度变化的影响与其他热力学模型相比非常小。

### 1.1.7  扩展的 UNIQUAC 模型

UNIQUAC 模型是通用化学模型（Universal Quasi-Chemical）的缩写，1975 年由 Abrams 和 Prausnitz[43]首先提出来。后来在 1986 年，Sander 等人[44]又将 Debye-Hückel 方程和 UNIQUAC 方程联合起来，提出了一个新的用于计算溶液性质的 UNIQUAC-Debye-Hückel 方程。

由 Sander 等人[44]提出这个新的方程，与 NRTL 有相似之处，摩尔过量吉布斯自由能 $G$ 都是由长程与短程两项组成的，具体表达式为

$$G^{\mathrm{ex}} = G^{\mathrm{ex,DH}} + G^{\mathrm{ex,C}} + G^{\mathrm{ex,R}} \tag{1-22}$$

式（1-22）中第一项为 Debye-Hückel 项，用 Fowler-Guggenheim 的表达式，描述电解质溶液体系，这一项表示为如下式：

$$\frac{G^{\mathrm{ex,DH}}}{RT} = -x_{\mathrm{w}}M_{\mathrm{w}}\frac{4A}{b^3}\left[\ln\left(1 + b\sqrt{I}\right) - b\sqrt{I} + \frac{b^2 I}{2}\right] \tag{1-23}$$

式中，$x_{\mathrm{w}}$、$M_{\mathrm{w}}$ 分别为水的摩尔分数和摩尔质量，$M_{\mathrm{w}} = 18.0153$；$b$ 为常数，$b = 1.5\ \mathrm{kg}^{1/2}/\mathrm{mol}^{1/2}$；$A$ 为关于热力学温度 $T$ 的函数，它们之间的关系如下：

$$A = 1.131 + 1.335 \times 10^{-3}(T - 273.15) + 1.164 \times 10^{-5}(T - 273.15)^2$$

$I$ 为离子强度 (以质量摩尔浓度表示), 表示为

$$I = \frac{1}{2} \sum_i m_i z_i^2$$

式中, $m_i$ 为离子 $i$ 的质量摩尔浓度; $z_i$ 为离子电荷。

式 (1-22) 中第二项为 UNIQUAC 方程中的组合项:

$$\frac{G^{ex,C}}{RT} = \sum_k x_k \ln \frac{\phi_k}{x_k} - \frac{z}{2} \sum_k q_k x_k \ln \frac{\phi_k}{\theta_k}$$

式中, $z$ 为配位数, 令 $z = 10$; $\phi_k$、$\theta_k$ 为分子的体积分数和表面积分数, 表达式为:

$$\phi_k = \frac{x_k r_k}{\sum_l x_l r_l}, \quad \theta_k = \frac{x_k q_k}{\sum_l x_l q_l}$$

式中, $r_k$ 和 $q_k$ 为体积参数和表面积参数。

$$\frac{G^{ex,R}}{RT} = - \sum_l x_l q_l \ln \left( \sum_k \theta_k \varphi_{kl} \right)$$

其中

$$\varphi_{kl} = \exp \left( - \frac{u_{kl} - u_{ll}}{T} \right)$$

式中, $u_{kl}$、$u_{ll}$ 为相互作用能的参数, 并且 $u_{kl} = u_{ll}$。

UNIQUAC 方程不仅能够用于单盐体系, 而且可以用于混合盐水溶液体系及具有缔合现象发生的电解质溶液体系的活度系数和相平衡的计算。

### 1.1.8 电解质溶液热力学模型的发展

综上所述, 由于电解质溶液中各种复杂物质的相互作用的存在, 尤其是在多温多组分混合电解质溶液体系时, 目前还没有哪种热力学模型能完全适应各种条件下的电解质溶液体系。因此, 电解质溶液热力学模型仍有很大的发展空间以适应更为复杂的电解质溶液体系。从实验方法上, 可以开展多种研究方法, 比如等压法、电动势法等。同时, 随着计算机技术的快速发展, 可以采用计算机模拟方法, 尝试从分子水平上研究复杂的电解质溶液体系的结构和热力学性质, 将经典热力学理论与近代统计力学理论、分子模拟方法相结合, 以期解决复杂电解质溶液热力学体系的各种难题。

## 1.2 电解质溶液组分活度的研究方法

热力学模型必须有相应的热力学模型参数才能够使用, 因此可以通过测定多

温多组分电解质溶液体系的组分活度性质（大多是盐或离子的活度系数以及水活度），再利用模型来拟合获得相应的热力学模型的参数。对于电解质溶液体系组分活度测定的方法有很多种，其中常用的方法主要有如下几种。

## 1.2.1　电动势法

电动势法（electromotive force method）可以测定电解质溶液中组分的活度系数，该方法的原理就是如何设计电池，如：M—离子响应电极 $|M_{\nu_+}X_{\nu_-}(m)$ 溶液 $|$ X—离子响应电极，其中 MX 表示的就是所要测定的电解质，具体方法是：利用电化学实验，通过测定不同电解质溶液 MX 的浓度（$m$）或者改变电解质的溶剂时电池的不同电动势的 $E$ 值，然后通过数学方法外推来求得标准电动势的值 $E^{\ominus}$，最后根据如下公式便可求出不同浓度为 $m$ 时电解质溶液体系中 $M_{\nu_+}X_{\nu_-}$ 的离子的平均活度系数值 $\gamma_{\pm}$。

$$E = E^{\ominus} - \frac{RT}{nF}\ln(a_+^{\nu_+} a_-^{\nu_-}) \tag{1-24}$$

$$E = E^{\ominus} - \frac{\nu RT}{nF}\ln m_{\pm} - \frac{\nu RT}{nF}\ln\gamma_{\pm} \tag{1-25}$$

$$\ln\gamma_{\pm} = \frac{nF}{\nu RT}(E^{\ominus} - E) - \ln m_{\pm} \tag{1-26}$$

式中，$T$ 为测定时的实际温度，K；$R$ 为理想气体常数，$R = 8.314$ J/(mol·K)；$\nu = \nu^+ + \nu^-$；$m_{\pm} = (\nu_+^{\nu_+} \cdot \nu_-^{\nu_-})^{1/\nu} \cdot m$；$n$ 为电极反应中的电子转移数；$F$ 为法拉第常数；$E^{\ominus}$ 为标准电池电动势；$E$ 为电池电动势。

应用电动势法进行电解质溶液组分活度的研究的文献已多有报道。Manohar 等人[45]通过自行设计的钾离子和钠离子选择性电极分别测定了两个四元体系钾盐体系 KCl + KNO$_3$ + KOAc + H$_2$O 和钠盐体系 NaCl + NaNO$_3$ + NaOAc + H$_2$O 中各种离子的平均活度系数。Hernández-Luis 等人[46]使用钠离子选择电极组成 Na-SIE$|$NaBr($m_a$)，NaClO$_4$($m_b$)$|$Ag/AgCl 电池测定了三元体系 NaBr + NaClO$_4$ + H$_2$O 的离子平均活度系数。Rodil 等人[47]用电势法测定了一系列二元水盐体系 CaCl$_2$ + H$_2$O、MgCl$_2$ + H$_2$O 和 BaCl$_2$ + H$_2$O 等不同电解质离子的活度系数。中国科学院青海盐湖研究所姚燕[48]根据电动势法的原理自制了实验装置，同时使用 Ag-AgCl 电极和锂离子选择电极测定了三元含锂体系 LiCl + Li$_2$SO$_4$ + H$_2$O 和 MgCl$_2$ + LiCl + H$_2$O 中 LiCl 的平均活度系数[49-50]，测定浓度最高离子强度大约 6 mol/kg。李军等人[51]用锂离子和钾离子选择电极测定了三元体系 KCl + LiCl + H$_2$O 中 KCl 和 LiCl 盐的平均活度系数，离子强度 $I$ 大约到 4 mol/kg。田海滨等人[52]采用 Ag-AgCl 电极和锂离子选择电极测定了三元体系 Li$_2$B$_4$O$_7$ + LiCl + H$_2$O 中 LiCl 盐的平均活度系数，试验中离子强度 $I$ 最高到 4 mol/kg。

使用电动势法在测定盐水体系中组分的活度系数时具有简便、快捷、效率高的特点。但是，这种方法在测定一些诸如碱金属离子、醋酸根离子、铵根离子等时，由于这些离子的可逆电极不易制备，受到很大限制。并且电动势法仅在低浓度时精确度高，对于高浓度的电解质溶液测定结果差别会很大，因此并不适用。因此，对于本书研究中包含有 $MgCl_2$-$H_2O$、$CaCl_2$-$H_2O$ 等溶解度较高的二元体系，以及包含上述体系的三元体系的组分活度，电动势法并不是合适的测定方法。

## 1.2.2 湿度法

湿度法（hygrometric method）也称测湿法，最早是由 Mohamed El Guendouzi 等人[53]于 2001 年提出来的，他们将该方法用于测定溶液的渗透系数和水活度，并在之后近十年的时间里，有文献报道用此方法测定了数十个体系在 298.15 K 下的水活度数据[53-87]。该方法一般用于测定中等浓度电解质水溶液到较高浓度（约 8 mol/kg）溶液的水的活度，该方法的基本原理是这样的[53]：待测电解质水溶液的相对湿度等于溶液水活度，同时待测电解质水溶液的相对湿度还等于作为参考一起平衡的参考溶液的水活度，而且参考溶液的水活度与其平衡前后直径的变化率之间存在着一定的数学关系表达式。因此，该方法可以只要得到参考溶液的液滴在平衡前后直径的变化数据值，就能够通过关系式计算得到待测电解质溶液的水活度，该方法的装置如图 1-1 所示。

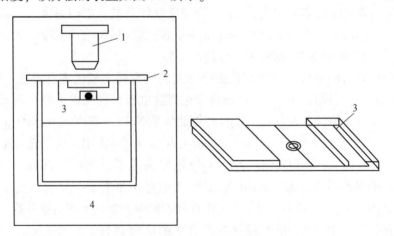

图 1-1 湿度法装置示意图[53]

1—显微镜；2—杯盖；3—支撑线；4—杯子

测湿法的具体操作步骤如文献［53］所述是这样的：向容器（见图 1-1）中装入准备测定的水溶液，同时将选择的参考溶液滴到盛装待测电解质水溶液容器上面的细线上，当参考溶液和待测电解质水溶液最后达到水蒸气压相等时，它们的水活度也相等。滴到细线上面的参考溶液的液滴直径可以随着水的转移产生一定的变化，其液滴直径的改变率（$K$）关系式为：

$$K = \frac{D_{a_w}}{D_{a_{ref}}} \tag{1-27}$$

式中，$D_{a_w}$ 为待测溶液的液滴直径；$D_{a_{ref}}$ 为参考溶液的液滴直径。同时，参考溶液的液滴直径（$D$）与液滴体积（$V$）之间还存在着如下的数学关系：

$$V = \frac{4}{3}\pi\left(\frac{D}{2}\right)^3 \tag{1-28}$$

另外，浓度（$c$）与体积（$V$）之间也存在着一定的关系，可以表示为：

$$c = \frac{n}{V} \tag{1-29}$$

因此，结合式（1-27）~式（1-29）得到参考溶液液滴直径的改变率（$K$）与浓度（$c$）的关系：

$$K = \left(\frac{c_{a_{ref}}}{c_{a_w}}\right)^{\frac{1}{3}} \tag{1-30}$$

实验过程中，研究者可以通过显微镜记录作为参考溶液的液滴的前后直径，再联立以上几个公式，从而就能够求解获得待测电解质水溶液的水活度。

装置简单、操作便捷是湿度法测定水活度方法的优点，同时此方法也存在其固有的缺点，那就是准确度和精确度都非常有限。从 Mohamed El Guendouzi 等人发表的一系列论文中描述的实验数据的精度是这样的：当 $a_w > 0.97$ 时，测定的水活度实验结果的误差会大于± 0.02%；当 $0.95 < a_w < 0.97$ 时，测定的水活度实验结果的误差大于± 0.05%；当 $0.90 < a_w < 0.95$ 时，测定的水活度实验结果的误差大于± 0.09%；而当 $a_w < 0.90$ 时，测定的水活度实验结果的误差达到±0.2%。这些数据如果被用作热力学基础数据，测定的误差是超过了允许范围。因此，用测湿法获得的电解质水溶液的水活度数据往往不适用于热力学模型参数的获取和相图的计算。

### 1.2.3 直接蒸汽压法

在一定温度下，电解质水溶液在一个密闭系统中经过一定时间以后，电解质水溶液的水蒸气压强会达到平衡，此时达到平衡的压强我们称为该电解质溶液在此温度下的饱和蒸汽压，电解质水溶液平衡前后的浓度会有变化。人们如果能够精确测定此时的压强，那么就可以很容易的计算获得电解质溶液的水活度（$a_w$）。电解质溶液的水活度可由下式简单计算得到：

$$a_w = \frac{p}{p^{\ominus}} \tag{1-31}$$

式中，$a_w$ 为电解质水溶液的水活度；$p^{\ominus}$ 为纯水在此温度下的饱和蒸汽压，Pa；$p$

为待测电解质水溶液的饱和蒸汽压，Pa。还可以由下式精确计算得到：

$$\ln a_w = \ln \frac{p}{p^\ominus} + B_T \times (p - p^\ominus)/(R \times T) + V_w \times (p - p^\ominus) \qquad (1-32)$$

式中，$T$ 为电解质水溶液测定时的实际温度，K；$R$ 为理想气体常数，$R = 8.314$ J/(mol·K)；$V_w$ 为水的偏摩尔体积，$m^3$/mol；$B_T$ 为第二维里系数，$cm^3$/mol。

直接蒸汽压法是所有测定方法中最直接准确的方法。使用此方法在测定溶液的饱和蒸汽压时需要几个最基本的条件：能够维持测定系统的温度在一个非常稳定的状态的恒温系统（因为温度波动对压强的变化敏感）；拥有能够测量蒸汽压微小变化的高灵敏度的压力计。温度波动在 ±0.01 K 的恒温设备相对较容易获得，但是目前世界上灵敏度高的压力计，几乎都来自美国，在我国还很难于获得。缺少高灵敏的压力计这一关键设备，直接蒸汽压法的利用在我国还很少见。迄今为止，文献报道的利用直接蒸汽压法测定电解质水溶液的水活度的数据，大多数都是来自美国和欧洲的研究机构。如：Thakker 等人[88]用直接蒸汽压法测量了 $LiNO_3$-$H_2O$、$LiCl$-$H_2O$ 等一系列水盐体系温度范围 298.15～353.15 K 的饱和蒸汽压。同时 Abdulagatov 等人[89]报道了 $LiNO_3$-$H_2O$ 体系 423.15～623.15 K 的蒸汽压。Patil 等人[90]于 1990 年报道了一些含锂的二元体系 $LiCl$-$H_2O$、$LiBr$-$H_2O$ 和 $LiI$-$H_2O$ 温度范围在 303.15～343.15 K 下的蒸汽压，并于 1992 年[91]又报道了 $LiNO_3$-$H_2O$ 二元体系，以及三元体系 $LiCl$-$LiNO_3$-$H_2O$ 和 $LiBr$-$LiNO_3$-$H_2O$ 在 303.15～373.15 K 下的饱和蒸汽压，并计算得到了溶液的水活度数据。Sako 等人[92]报道了 $HCl$-$H_2O$、$MgCl_2$-$H_2O$、$CaCl_2$-$H_2O$ 二元体系和 $MgCl_2$-$CaCl_2$-$H_2O$ 三元体系 320～400 K 的蒸汽压。

### 1.2.4 等压法

等压法就是等蒸汽压法，该方法也研究电解质溶液热力学性质的最快捷有效的方法之一，另外此方法还具有准确度高及应用范围广的特点，在测定盐水体系水活度的各种方法中占有非常重要的地位。

根据文献报道，等压法测定水活度的原理是这样的：在一个相对封闭系统中，一定数量的浓度不同，由不挥发性的电解质和水（如果是其他溶剂，则测出的是其他溶剂的活度，不是水活度）组成的电解质溶液体系在设定条件下经过一定的时间后最终会达到热力学平衡。在达到热力学平衡过程中，由于这些电解质溶液的初始浓度不同，蒸汽压和水活度也不相等，即它们的初始化学势不相等，那么溶剂水将在这一封闭系统中在各个不同浓度的电解质溶液之间进行交换转移，直到所有电解质溶液在封闭系统中最后达到热力学平衡（即各个溶液的化学势全部相等），此时所有电解质水溶液的水活度都相等，所有电解质水溶液的蒸汽压也相等。如果此时把一起平衡的某种电解质溶液体系作为等压标准参考体系，当然这些选作参考体系的溶液的水活度与它们的浓度之间的数学函数关系式必须是已知的，那么当体系全部达到平衡后每个参考体系的浓度就能够确定，同时由实验测定的浓度便轻松地根据水活度-浓度函数数学关系式计算出水活度，其他待测电解质溶液的水活度也就同时知道。详细的计算公式如下：

$$\mu_{A1} = \mu_A^\ominus + RT\ln a_{A1} \tag{1-33}$$

$$\mu_A^* = \mu_A^\ominus + RT\ln a_A^* \tag{1-34}$$

式中，下角 A 代表溶剂，比如在水溶液中就是指的水，本书中只涉及水溶液；$\mu_A^\ominus$ 为溶剂的标准化学势；$a_{A1}$ 为水活度，带有 * 表示已知水活度的参考溶液。

$$\ln a_{A1} = -0.001\phi M_A \sum v_i m_i \tag{1-35}$$

$$\ln a_A^* = -0.001\phi^* M_A v^* m^* \tag{1-36}$$

式中，下角 $i$ 为 $i$ 种溶质；$m_i$ 为溶液的质量摩尔浓度，mol/kg；$v_i$ 为一分子溶质完全电离后的离子数；$\phi$ 为溶液的渗透系数；$M_A$ 为溶剂的摩尔分子量，对于水，$M_A = 18.0153$ g/mol。

当待测的电解质水溶液与选取的作为参考的溶液最终达到平衡时，所有电解质水溶液的水活度都相等：

$$\mu_{A1} = \mu_A^* \tag{1-37}$$

$$\ln a_{A1} = \ln a_A^* \tag{1-38}$$

结合式 (1-35)~式 (1-38) 可得：

$$\phi M_A \sum v_i m_i = \phi^* M_A v^* m^* \tag{1-39}$$

也就是

$$\phi = \phi^* v^* m_i^* \Big/ \sum v_i m_i \tag{1-40}$$

由式 (1-40) 可以看出，只要能够精确测定在一定温度下待测电解质水溶液和选为参考的溶液最终达到热力学平衡后的浓度，就可以直接利用式 (1-39) 计算得到待测电解质水溶液的渗透系数。这里，$v^* m_i^* \Big/ \sum v_i m_i$ 也常被称为等压比。

用于测定电解质水溶液的渗透系数和水活度的等蒸汽压法，最早是由 Bousfield[93] 提出来的，最初他们的设备直接使用真空玻璃干燥器作为等压箱。继而 Sinclair[94]、Scatchard[95] 和 Phillips 等人[96] 也都使用了玻璃干燥器做等压箱，这是由于玻璃的传热性能差，使用玻璃干燥器作等压箱时，等压箱体外系统的温度变化对箱体内温度波动变化小，因此等压箱内的温度波动反而容易控制。随着科技手段的不断更新，等压法的装置也在不断更新发展，从玻璃的等压箱，发展到铜、不锈钢和铝等金属材质的，增加了等压设备的可靠性。等压杯也发展成耐腐蚀更强的银、金、钛合金和铂等材质。在加速溶液和等压杯之间的热传导性能来缩短平衡时间方面，研究者也进行过很多尝试[93-98]。后来出现了多种带加盖装置的等压设备[99-102]。控温装置更是不断改进，现在控温精度已经能够达到 0.01 K，而美国橡树岭国家实验室的高温等压设备[102-105]，能够使控温精度达到 0.005 K。

在我国，中国科学院青海盐湖研究所的姚燕研究员自行设计制造了两套带有加盖系统的用于测定电解质溶液组分活度的等压装置，在过去二十几年中他们用这些等压设备测定了一批盐湖卤水体系水活度（渗透系数）等热力学性质[101,107-124]，在研究电解质溶液热力学性质上积累了深厚的基础。东北大学的王之昌等人也建立了一套能准确测定 298.15 K 溶液水活度的等压法装置，并报道研究了多元轻稀土硝酸盐溶液、$Nd(NO_3)_3 + Y(NO_3)_3 + NH_4NO_3 + H_2O$、$NH_4Br + NaBr + C_2H_5OH + H_2O$ 和 $NaCl + NH_4Cl + BaCl_2 + C_6H_{14}O_6 + H_2O$ 等体系的热力学性质[125-130]。此外，中南大学、陕西师范大学等单位也建立过此类装置用于不同目的的研究工作。

综上所述，目前针对电解质盐水溶液组分活度的测定大多集中在室温附近，对于偏离于室温条件下组分活度的测定工作，尤其是水活度的测定还非常少见，这对于模型参数的获得带来了一些困难，因此本工作拟开展偏离于室温的高温条件下的水活度测定。

# 参 考 文 献

[1] DEBYE P, HÜCKEL E. The theory of electrolytes [J]. Phys. Z., 1923, 24: 185-206.

[2] PITZER K S. Thermodynamics of electrolytes. I. Theoretical basis and general equations [J]. J. Phys. Chem., 1973, 77 (2): 268-277.

[3] PITZER K S, MAYORGA G. Thermodynamics of electrolytes. II. Activity and osmotic coefficients for strong electrolytes with one or both ions univalent [J]. J. Phys. Chem., 1973, 77 (19): 2300-2308.

[4] PITZER K S, KIM J. Thermodynamics of electrolytes. IV. Activity and osmotic coefficients for mixed electrolytes [J]. J. Am. Chem. Soc., 1974, 96 (18): 5701-5707.

[5] PITZER K S. Thermodynamics of electrolytes 5: Effects of higher-order electrostatic terms [J]. J. Solution Chem., 1975, 4 (3): 249-265.

[6] PITZER K S, LEONARD F. Thermodynamics of electrolytes 6: Weak electrolytes including $H_3PO_4$ [J]. J. Solution Chem., 1976, 5 (4): 269-278.

[7] LEONARD F, PITZER K S. Thermodynamics of electrolytes 8: High temperature properties, including enthalpy and heat capacity, with application to sodium Chloride [J]. J. Phys. Chem., 1977, 81 (19): 1822-1828.

[8] PITZER K S, LEONARD F. Thermodynamics of electrolytes 11: Properties of 3 : 2, 4 : 2, and other high-valence types [J]. J. Phys. Chem., 1978, 82 (11): 1239-1242.

[9] BRADLEY D J, PITZER K S. Thermodynamics of electrolytes. 12: Dielectric properties of water and Debye-Hückel parameters to 350 ℃ 1 kbar [J]. J. Phys. Chem., 1979, 83 (12): 1599-1603.

[10] PHUTELA R C, PITZER K S. Densities and apparent molar volumes of aqueous magnesium sulfate and sodium sulfate to 473 K and 100 bar [J]. J. Chem. Eng. Data, 1986, 31 (3):

320-327.

[11] PABALAN R T, PITZER K S. Thermodynamics of concentrated electrolyte mixtures and the prediction of mineral solubilities to high temperatures for mixtures in the system Na-K-Mg-Cl-SO₄-OH-H₂O [J]. Geochim. Cosmochim. Acta, 1987, 51 (9): 2429-2443.

[12] PITZER K S, WANG P M, RARD J A, et al. Thermodynamics of electrolytes. 13. Ionic strength dependence of higher-order terms; equations for CaCl₂ and MgCl₂ [J]. J. Solution Chem. , 1999, 28 (4): 265-282.

[13] MARION G M. A molal-based model for strong acid chemistry at Low temperatures (<200 to 298 K) [J]. Geochim. Cosmochim. Acta, 2002, 66 (14): 2499-2516.

[14] CLEGG S L, RARD J A, PITZER K S. Thermodynamic properties of 0-6 mol/kg aqueous sulfuric acid from 273. 15 to 328. 15 K [J]. J. Chem. Soc. , Faraday Trans. , 1994, 90 (13): 1875-1894.

[15] HARVIE C E, WEARE J H. The Prediction of mineral solubilities in natural waters: the Na-K-Mg-Ca-Cl-SO₄-H₂O system from zero to high concentration at 25 ℃ [J]. Geochim. Cosmochim. Acta, 1980, 44 (7): 981-997.

[16] HARVIE C E, MϕLLERA N, WEARE J H. The Prediction of mineral solubilities in natural waters: The Na-K-Mg-Ca-H-Cl-SO₄-OH-HCO₃-CO₃-CO₂-H₂O system to high ionic strengths at 25 ℃ [J]. Geochim. Cosmochim. Acta, 1984, 48 (4): 723-751.

[17] 宋彭生, 罗志农. 三元水盐体系 25 ℃溶解度的预测 [J]. 化学通报, 1983 (12): 13-18.

[18] 房春晖, 宋彭生, 陈敬清. Na⁺, K⁺//Cl⁻, SO₄²⁻, CO₃²⁻-H₂O 五元体系 25 ℃介稳相图的理论计算 [J]. 盐湖研究, 1993, 1 (2): 16-22.

[19] LI Y H, SONG P S, XIA S P, et al. Prediction of the component solubility in the ternary systems HCl-LiCl-H₂O, HCl-MgCl₂-H₂O and LiCl-MgCl₂-H₂O at 0 ℃ and 20 ℃ using the ion-interaction model [J]. Calphad, 2000, 24 (3): 295-308.

[20] SONG P S, YAO Y. Thermodynamics and phase diagram of the salt lake brine system at 25 ℃ I. Li⁺, K⁺, Mg²⁺/Cl⁻, SO₄²⁻-H₂O system [J]. Calphad, 2001, 25 (3): 329-341.

[21] SONG P S, YAO Y. Thermodynamics and phase diagram of the salt lake brine system at 298. 15 K V. Model for the system Li⁺, Na⁺, K⁺, Mg²⁺/ Cl⁻, SO₄²⁻-H₂O and its applications [J]. Calphad, 2003, 27: 343-352.

[22] PITZER K S, SIMONSON J M. Thermodynamics of multicomponent, miscible, ionic systems: Theory and equations [J]. J. Phys. Chem. , 1986, 90 (13): 3005-3009.

[23] SIMONSON J M, PITZER K S. Thermodynamics of multicomponent, miscible, ionic systems: The system LiNO₃-KNO₃-H₂O [J]. J. Phys. Chem. , 1986, 90 (13): 3009-3013.

[24] CLEGG S L, PITZER K S. Thermodynamics of multicomponent, miscible, ionic solutions: Generalized equations for symmetrical electrolytes [J]. J. Phys. Chem. , 1992, 96 (8): 3513-3520.

[25] CLEGG S L, PITZER K S, BRIMBLECOMBE P. Thermodynamics of multicomponent, miscible, ionic solutions: Mixtures including unsymmetrical electrolytes [J]. J. Phys. Chem. , 1992, 96 (23): 9470-9479.

[26] 尹霞, 李琴香, 万艳鹏, 等. 高溶解性盐水体系热力学模型预测能力的比较研究 1: 二元体系 [J]. 化学学报, 2008, 66 (15): 1815-1826.

[27] 张建树, 黄雪莉. Na$^+$, K$^+$//Cl$^-$, SO$_4^{2-}$-H$_2$O 体系的 Clegg-Pitzer 模型研究 [J]. 新疆大学学报 (自然科学版), 2003, 20 (4): 304-406.

[28] LEBOWITZ J L, PERCUS J K. Mean spherical model for lattice gases with extended hard cores and continuum fluids [J]. Phys. Rev. , 1966, 144: 251-258.

[29] BLUM L. Mean spherical model for asymmetric electrolytes I. Method of solution [J]. Mol. Phys. , 1975, 30 (5): 1529-1535.

[30] PLANCHE H, RENON H. Mean spherical approximation applied to a simple but nonprimitive model interaction for electrolyte solutions and polar substances [J]. J. Phys. Chem. , 1981, 85 (25): 3924-3929.

[31] BALL F X, PLANCHE H, FÜRST W. et al. Representation of deviation from ideality in concentrated aqueous solutions of electrolytes using a mean spherical approximation molecular model [J]. AIChE J. , 1985, 31 (8): 1233-1240.

[32] GAO G H, TAN Z Q, YU Y X. Calculation of high-pressure solubility of gas in aqueous electrolyte solution based on non-primitive mean spherical approximation and perturbation theory [J]. Fluid Phase Equilibr. , 1999, 165: 169-182.

[33] YU Y X, GAO G H, LI Y G. Surface tension for aqueous electrolyte solutions by the modified mean spherical approximation [J]. Fluid Phase Equilibr. , 2000, 173: 23-38.

[34] SIMONIN J P, BLUM L, TURQ P. Real ionic solutions in the mean spherical approximation. 1. Simple salts in the primitive model [J]. J. Phys. Chem. , 1996, 100: 7704-7709.

[35] SIMONIN J P. Real ionic solutions in the means spherical approximation. 2. Pure strong electrolytes up to very high concentrations, and mixtures, in the primitive model [J]. J. Phys. Chem. B, 1997, 101: 4313-4320.

[36] SÖHNEL O, NOVOTNÝ P. Densities of Aqueous Solutions of Inorganic Substances: Physical Sciences Data 22 [M]. Elsevier: Amsterdam, 1985.

[37] MONNIN C, DUBOIS M, PAPAICONOMOU N, et al. Thermodynamics of the LiCl + H$_2$O system [J]. J. Chem. Eng. Data, 2002, 47 (6): 1331-1336.

[38] BRUNAUER S, EMMETT P H, TELLER E. Adsorption of gases in multimolecular layers [J]. J. Am. Chem. Soc. , 1938, 60: 309-319.

[39] STOKES R H, ROBINSON R A. Ionic hydroation and activity in electrolyte solutions [J]. J. Am. Chem. Soc. , 1948, 70: 1870-1878.

[40] VOIGT W. Calculation of salt activities in molten salt hydrates applying the modified BET equation, I: Binary systems [J]. Monatshefte für Chemie, 1993, 124: 839-848.

[41] ALLY M R, BRAUNSTEIN J. Statistical mechanics of multilayer adsorption: Electrolyte and water activities in concentrated solutions [J]. J. Chem. Thermodyn. , 1998, 30: 49-58.

[42] ABRAHAM M, ABRAHAM M C. Electrolyte and water activities in very concentrated solutions [J]. Electrochimica Acta, 2000, 46: 137-142.

[43] ABRAMS D S, PRAUSNITZ J M. Statistical thermodynamics of liquid mixtures: A new

expression for the excess Gibbs energy of partly or completely miscible systems [J]. AIChE J, 1975, 21 (1): 116-128.

[44] SANDER B, RASMUSSEN P, FREDENSLUND A. Caluculation of vapor-liquid equilibrium in mixed solvent/salt systems using an extended UNIQUAC equation [J]. Chem. Eng. Sci. , 1986, 41 (5): 1171-1183.

[45] MANOHAR S, ANANTHASWAMY J, ATKINSON G. Application of pitzer equations for quaternary systems: Sodium chloride-sodium nitrate-sodium acetate-water and potassium chloride-potassium nitrate-potassium acetate-water at 25 ℃ [J]. J. Chem. Eng. Data, 1992, 37 (4): 459-463.

[46] HERNÁNDEZ-LUIS F, BARRERA M, GALLEGUILLOS H R, et al. Activity measurements in the ternary system NaBr + NaClO$_4$ + H$_2$O at 25 ℃ [J]. J. Solution Chem. , 1996, 25 (2): 219-229.

[47] RODIL E, VERA J H. Individual activity coefficients of chloride ions in aqueous solutions of MgCl$_2$, CaCl$_2$ and BaCl$_2$ at 298. 2 K [J]. Fluid Phase Equilibr. , 2001, 187/188: 15-27.

[48] 张爱芸, 姚燕. 298. 15 K Li$_2$B$_4$O$_7$-MgCl$_2$-H$_2$O 体系热力学性质的电动势法测定及离子相互作用模型的研究 [J]. 化学学报, 2006, 64 (6): 501-507.

[49] 王瑞陵, 姚燕, 吴国梁. 电动势法对 LiCl-MgCl$_2$-H$_2$O 体系热力学性质的研究 [J]. 物理化学学报, 1993, 9 (3): 357-365.

[50] 王瑞陵, 姚燕, 张忠, 等. 电动势法对 LiCl-Li$_2$SO$_4$-H$_2$O 体系 25 ℃热力学性质研究 [J]. 化学学报, 1993, 51 (6): 534-542.

[51] 李军, 宋彭生, 姚燕, 等. KCl-LiCl-H$_2$O 体系热力学性质的研究 [J]. 物理化学学报, 1992, 8 (1): 94-99.

[52] 田海滨, 姚燕, 宋彭生. 298. 15 K 下 LiCl-Li$_2$B$_4$O$_7$-H$_2$O 体系中 LiCl 的活度系数和缔合平衡研究 [J]. 化学研究与应用, 2000, 12 (4): 403-408.

[53] GUENDOUZI M E, DINANE A. Determination of water activities, osmotic and activity coefficients in aqueous solutions using the hygrometric method [J]. J. Chem. Thermodyn. , 2000, 32 (3): 297-310.

[54] MOUNIR A, EL GUENDOUZI M, DINANE A. Thermodynamic properties of {(NH)$_2$SO$_4$(aq) + Li$_2$SO$_4$(aq)} and {(NH$_4$)$_2$SO$_4$(aq) + Na$_2$SO$_4$(aq)} at a temperature of 298. 15 K [J]. J. Chem. Thermodyn. , 2002, 34 (8): 1329-1339.

[55] GUENDOUZI M E, MOUNIR A, DINANE A. Thermodynamic properties of the system MgSO$_4$-MnSO$_4$-H$_2$O at 298. 15 K [J]. Fluid Phase Equilibr. , 2002, 202 (2): 221-231.

[56] MOUNIR A, EL GUENDOUZI M, DINANE A. Hygrometric determination of water activities, osmotic and activity coefficients, and excess Gibbs energy of the system MgSO$_4$-K$_2$SO$_4$-H$_2$O [J]. J. Solution Chem. , 2002, 31 (10): 793-799.

[57] DINANE A, EL GUENDOUZI M, MOUNIR A. Hygrometric determination of water activities, osmotic and activity coefficients of (NaCl + KCl) (aq) at $T$ = 298. 15 K [J]. J. Chem. Thermodyn. , 2002, 34 (4): 423-441.

[58] GUENDOUZI M E, DINANE A, MOUNIR A. Hygrometric determination of water activities and

osmotic and activity coefficients of $NH_4Cl$-$LiCl$-$H_2O$ at 25 ℃ [J]. J. Solution Chem. , 2002, 31 (2): 119-129.

[59] DINANE A, EL GUENDOUZI M, MOUNIR A. Hygrometric determination of the water activities and the osmotic and activity coefficients of (ammonium chloride + sodium chloride + water) at $T$=298. 15 K [J]. J. Solution Chem. , 2002, 31 (2): 119-129.

[60] MOUNIR A, EL GUENDOUZI M, DINANE A. Hygrometric determination of the thermodynamic properties of the system $MgSO_4$-$Na_2SO_4$-$H_2O$ at 298. 15 K [J]. Fluid Phase Equilibr. , 2002, 201 (2): 233-244.

[61] GUENDOUZI M E, MOUNIR A, DINANE A. Water activity, osmotic and activity coefficients of aqueous solutions of $Li_2SO_4$, $Na_2SO_4$, $K_2SO_4$, $(NH_4)_2SO_4$, $MgSO_4$, $MnSO_4$, $NiSO_4$, $CuSO_4$, and $ZnSO_4$ at $T$=298. 15 K [J]. J. Chem. Thermodyn. , 2003, 35 (2): 209-220.

[62] GUENDOUZI M E, AZOUGEN R, MOUNIR A, et al. Water activities, osmotic and activity coefficients of the system $(NH_4)_2SO_4$-$K_2SO_4$-$H_2O$ at the temperature 298. 15 K [J]. Calphad, 2003, 27 (4): 409-414.

[63] GUENDOUZI M E, MAROUANI M. Water activities and osmotic and activity coefficients of aqueous solutions of nitrates at 25 ℃ by the hygrometric method [J]. J. Solution Chem. , 2003, 32 (6): 535-546.

[64] GUENDOUZI M E, MOUNIR A, DINANE A. Thermodynamic properties of aqueous mixtures of magnesium and ammonium sulfates [J]. J. Chem. Eng. Data, 2003, 48 (3): 529-534.

[65] GUENDOUZI M E, BENBIYI A, DINANE A, et al. The thermodynamic study of the system $LiCl$-$KCl$-$H_2O$ at the temperature 298. 15 K [J]. Calphad, 2003, 27 (2): 213-219.

[66] GUENDOUZI M E, M'SIK B, BENBIYI A, et al. Hygrometric determination of water activities and osmotic and activity coefficients of $NH_4Cl$-$KCl$-$H_2O$ at 25 ℃ [J]. J. Solution Chem. , 2003, 32 (10): 929-930.

[67] GUENDOUZI M E, BENBIYI A, DINANE A, et al. Determination of water activities and osmotic and activity coefficients of the system $NaCl$-$BaCl_2$-$H_2O$ at 298. 15 K [J]. Calphad, 2003, 27 (4): 375-381.

[68] GUENDOUZI M E, MAROUANI M. Thermodynamic properties of the system $NH_4NO_3$-$KNO_3$-$H_2O$ at 298. 15 K [J]. Fluid Phase Equilibr. , 2004, 216 (2): 229-233.

[69] GUENDOUZI M E, ABDELKBIR E. Thermodynamic properties of the mixed electrolytes $\{yNH_4Cl + (1-y)(NH_4)_2SO_4\}$ (aq) at the Temperature 298. 15 K [J]. J. Chem. Eng. Data, 2004, 49 (2): 186-191.

[70] GUENDOUZI M E, BENBIYI A, DINANE A, et al. Thermodynamic properties of multicomponent $NaCl$-$LiCl$-$H_2O$ aqueous solutions at temperature 298. 15 K [J]. Calphad, 2004, 28 (1): 97-103.

[71] GUENDOUZI M E, AZOUGEN R, DINANE A, et al. Hygrometric determination of the water activities of the aqueous solutions of the mixed electrolyte $NaCl$-$CaCl_2$-$H_2O$ at 25 ℃ [J]. J. Solution Chem. , 2004, 33 (8): 941-955.

[72] GUENDOUZI M E, ERROUGUI A. Water activity and activity coefficients of the mixed

electrolytes $\{yNH_4Cl + (1-y)NH_4NO_3\}$ (aq) at 298. 15 K [J]. Fluid Phase Equilibr. , 2005, 236 (1/2): 205-211.

[73] GUENDOUZI M E, BENBIYI A, AZOUGEN R, et al. Thermodynamic properties of two ternary systems $\{yCsCl + (1-y)LiCl\}$ (aq) and $\{yCsCl + (1-y)NaCl\}$ (aq) at temperature 298. 15 K [J]. Calphad, 2005, 28 (4): 435-444.

[74] GUENDOUZI M E, AZOUGEN R, BENBIYI A, et al. Thermodynamic properties of the system $\{yNH_4Cl + (1-y)CsCl\}$ (aq) at temperature 298. 15 K [J]. Calphad, 2005, 28 (3): 329-336.

[75] GUENDOUZI M E, ERROUGUI A. Thermodynamic properties of the system $NH_4NO_3 + (NH_4)_2SO_4 + H_2O$ at 298. 15 K [J]. Fluid Phase Equilibr. , 2005, 230 (1/2): 29-35.

[76] GUENDOUZI M E, AZOUGEN R, BENBIYI A. Thermodynamic properties of the mixed electrolyte systems $\{yMgCl_2 + (1-y)NaCl\}$ (aq) and $\{yMgCl_2 + (1-y)CaCl_2\}$ (aq) at 298. 15 K [J]. Calphad, 2005, 29 (2): 114-124.

[77] GUENDOUZI M E, MAROUANI M. Thermodynamic properties of aqueous mixed electrolyte $\{yNH_4NO_3 + (1-y)NaNO_3\}$ (aq) at $T = 298. 15$ K [J]. J. Chem. Eng. Data, 2005, 50 (2): 334-339.

[78] MAROUANI M, EL GUENDOUZI M. Determination of water activities, osmotic and activity coefficients of the system $NH_4NO_3$-$LiNO_3$-$H_2O$ at the temperature 298. 15 K [J]. Calphad, 2005, 28 (3): 321-327.

[79] ERROUGUI A, EL GUENDOUZI M. Thermodynamic properties of ternary aqueous mixtures of $\{yMgCl_2 + (1-y)Mg(NO_3)_2\}$ (aq) at $T = 298. 15$ K [J]. Calphad, 2006, 30 (3): 260-265.

[80] GUENDOUZI M E, MAROUANI M. Water activities, osmotic and activity coefficients and some correlation of aqueous mixtures of alkaline – earth and ammonium nitrates, $NH_4NO_3$-$Y(NO_3)_2$-$H_2O$ with Y = $Ba^{2+}$, $Mg^{2+}$ and $Ca^{2+}$ at $T = 25$ ℃ [J]. J. Solution Chem. , 2007, 36 (11/12): 1601-1618.

[81] GUENDOUZI M E, ERROUGUI A. Thermodynamic properties of ternary aqueous solutions with the common magnesium cation $\{Mg/Cl/NO_3/SO_4\}$ (aq) at $T = 298. 15$ K [J]. J. Chem. Eng. Data, 2007, 52 (6): 2188-2194.

[82] ERROUGUI A, GUENDOUZI M E. Thermodynamic properties of ternary aqueous solutions of $\{Li/Cl/NO_3/SO_4\}$ (aq) mixtures at $T = 298. 15$ K [J]. Fluid Phase Equilibr. , 2008, 266 (1/2): 76-83.

[83] GUENDOUZI M E. Thermodynamic properties on quaternary aqueous solutions of chlorides charge-type 1-1 * 2-1 * 2-1: $XCl + MgCl_2 + CaCl_2 + H_2O$ with (X = $Na^+$; $NH_4^+$) [J]. Fluid Phase Equilibr. , 2009, 287 (1): 70-77.

[84] AZOUGEN R, GUENDOUZI M E. Thermodynamic properties on quaternary aqueous solutions of chlorides charge-type 1-1 * 1-1 * 1-1, with ($Na^+$; $K^+$; $Li^+$; $NH_4^+$) [J]. J. Chem. Eng. Data, 2009, 54 (10): 2855-2865.

[85] GUENDOUZI M E, ERROUGUI A. Solubility in the ternary aqueous systems containing $M^+$, $Cl^-$, $NO_3^-$, and $SO_4^{2-}$ with M = $NH_4^+$, $Li^+$, or $Mg^{2+}$ at $T = 298. 15$ K [J]. J. Chem. Eng.

Data, 2009, 54 (2): 376-381.

[86] AZOUGEN R, GUENDOUZI M E, RIFAI A, et al. Water activities, activity coefficients and solubility in the binary and ternary aqueous solutions LiCl + $YCl_2$ + $H_2O$ with Y = $Mg^{2+}$; $Ca^{2+}$; or $Ba^{2+}$ [J]. Calphad, 2010, 34 (1): 36-44.

[87] GUENDOUZI M E, AZOUGEN R. Thermodynamic properties of quaternary aqueous solutions of chlorides charge-type 1-1 * 1-1 * 2-1: $NH_4Cl$ + NaCl + $YCl_2$ + $H_2O$ with Y = $Mg^{2+}$, $Ca^{2+}$, and $Ba^{2+}$ [J]. J. Solution Chem. , 2010, 39 (5): 603-621.

[88] THAKKER M T, CHI C W, PECK R E. Vapor pressure measurements of hygroscopic salts [J]. J. Chem. Eng. Data, 1968, 13 (4): 553-558.

[89] ABDULAGATOV I M, AZIZOV N D. Experimental vapor pressures and derived thermodynamic properties of aqueous solutions of lithium nitrate from 423 K to 623 K [J]. J. Solution Chem, 2004, 33 (12): 1517-1537.

[90] PATIL K R, TRIPATHI A D, PATHAK G, et al. Thermodynamic properties of aqueous electrolyte solutions. 1. Vapor pressure of aqueous solutions of LiCl, LiBr, and LiI [J]. J. Chem. Eng. Data, 1990, 35 (2): 166-168.

[91] PATIL K R, CHAUDHARI S K, KATTI S S. Thermodynamic properties of aqueous electrolyte solutions. 3. Vapor pressure of aqueous solutions of $LiNO_3$, LiCl + $LiNO_3$, and LiBr + $LiNO_3$ [J]. J. Chem. Eng. Data, 1992, 37 (1): 136-138.

[92] SAKO T, HAKUTA T, YOSHITOME H. Vapor pressures of binary ( $HCl-H_2O$, $MgCl_2-H_2O$, and $CaCl_2-H_2O$) and ternary ( $MgCl_2-CaCl_2-H_2O$) aqueous solutions [J]. J. Chem. Eng. Data, 1985, 30 (2): 224-228.

[93] BOUSFIELD W R. Isopiestic method determinate the water activity of aqueous solutions [J]. Transactions of the Faraday Society, 1917, 13: 401-410.

[94] SINCLAIR D A. A simple method for accurate determinations of vapor pressures of solutions [J]. J. Phy. Chem. , 1933, 37 (4): 495-504.

[95] SCATCHARD G, HAMER W J, WOOD S E. Isotonic solutions. Ⅰ. The chemical potential of water in aqueous solutions of sodium chloride, potassium chloride, sulfuric acid, sucrose, urea and glycerol at 25 ℃ [J]. J. Am. Chem. Soc. , 1938, 60 (12): 3061-3070.

[96] PHILLIPS B A, WATSON G M, FELSING W A. Activity coefficients of strontium chloride by an isopiestic method [J]. J. Am. Chem. Soc. , 1942, 64 (2): 244-247.

[97] MASON C M. The activity and osmotic coefficients of trivalent metal chlorides in aqueous solution from vapor pressure measurements at 25 ℃ [J]. J. Am. Chem. Soc. , 1938, 60 (7): 1638-1647.

[98] DOWNES C J. Osmotic and activity coefficients for mixtures of potassium chloride and strontium chloride in water at 298. 15 K [J]. J. Chem. Thermodyn. , 1974, 6 (4): 317-323.

[99] ROBINSON R A, SINCLAIR D A. The activity coefficients of the alkali chlorides and of lithium iodide in aqueous solution from vapor pressure measurements [J]. J. Am. Chem. Soc. , 1934, 56 (9): 1830-1835.

[100] GRJOTHEIM K, VOIGT W, HAUGSDAL B, et al. Isopiestic determination of osmotic

coefficients at 100 ℃ by means of a simple apparatus [J]. Acta Chemiac Scandinavica, 1988, 42 A: 470-476.

[101] 姚燕，孙柏，宋彭生，等. 含锂水盐体系热力学性质研究——LiCl-MgCl$_2$-H$_2$O 体系渗透系数和活度系数的等压测定 [J]. 化学学报，1992, 50: 839-848.

[102] HEFTER G, MAY P M, MARSHALL S L, et al. Improved apparatus and procedures for isopiestic studies at elevated temperatures [J]. Rev. Sci. Instrum., 1997, 68 (6): 2558-2567.

[103] RARD J A. Solubility determinations by the isopiestic method and application to aqueous lanthanide nitrates at 25 ℃ [J]. J. Solution Chem., 1985, 14 (7): 457-471.

[104] RARD J A. Isopiestic determination of the osmotic and activity coefficients of aqueous Lu$_2$(SO$_4$)$_3$ at 25 ℃ [J]. J. Solution Chem., 1990, 19 (6): 525-541.

[105] RARD J A, CLEGG S L, PALMER D A. Isopiestic determination of the osmotic coefficients of Na$_2$SO$_4$ (aq) at 25 ℃ and 50 ℃, and representation with ion-interaction (Pitzer) and mole fraction thermodynamic models [J]. J. Solution Chem., 2000, 29 (1): 1-49.

[106] RARD J A, CLEGG S L, PALMER D A. Isopiestic determination of the osmotic and activity coefficients of Li$_2$SO$_4$ (aq) at $T$ = 298.15 K and 323.15 K, and representation with an extended ion-interaction (Pitzer) model [J]. J. Solution Chem., 2007, 36 (11/12): 1347-1371.

[107] 张忠，姚燕，宋彭生，等. 等压法测定 Li$_2$SO$_4$-MgSO$_4$-H$_2$O 体系的渗透和活度系数 [J]. 物理化学学报，1993, 9 (3): 366-373.

[108] 龙光明，姚燕，王凤琴，等. 等压法测定 298.15 K 下 LiCl-CaCl$_2$-H$_2$O 体系活度系数 [J]. 物理化学学报，1993, 15 (10): 956-960.

[109] 李飞飞，姚燕. 273.15 K 时 LiCl-Li$_2$SO$_4$-H$_2$O 体系热力学性质的等压研究 [J]. 化学研究与应用，2004, 16 (1): 33-36.

[110] 李飞飞，姚燕. 323.15 K 下 LiCl-Li$_2$SO$_4$-H$_2$O 体系热力学性质的等压研究 [J]. 盐湖研究，2004, 12 (1): 37-42.

[111] 张爱云，姚燕，杨吉民，等. Li$_2$B$_4$O$_7$-MgCl$_2$(B)-H$_2$O 体系热力学性质的等压研究及离子相互作用模型 [J]. 化学学报，2004, 62 (12): 1089-1094.

[112] 杨吉民，姚燕，张爱云，等. 298.15 K 下 LiCl-Li$_2$B$_4$O$_7$-H$_2$O 体系热力学性质的等压研究 [J]. 盐湖研究，2004, 12 (3): 31-38.

[113] 张爱云，姚燕，宋彭生. 298.15 K 下 Li$_2$B$_4$O$_7$-H$_2$O 体系水蒸气分压及渗透系数的等压测定和离子相互作用模型 [J]. 高等学校化学学报，2004, 25 (10): 1934-1936.

[114] ZHANG A Y, YAO Y, LI L J, et al. Isopiestic determination of the osmotic coefficients and Pitzer model representation for Li$_2$B$_4$O$_7$(aq) at $T$ = 298.15 K [J]. J. Chem. Thermodyn., 2005, 37: 101-109.

[115] YIN G Y, YAO Y, JIAO B J, et al. Enthalpies of dilution of aqueous Li$_2$B$_4$O$_7$ solutions at 298.15 K and application of ion-interaction model [J]. Thermochim. Acta, 2005, 435: 125-128.

[116] 杨吉民，姚燕，张爱云，等. 273.15 K 下 LiCl-Li$_2$B$_4$O$_7$-H$_2$O 体系热力学性质的等压研

究 [J]. 盐湖研究, 2005, 13 (1): 19-24.

[117] 元文萍, 姚燕, 宋彭生. 298.15 K 下 $Li_2SO_4$-$Li_2B_4O_7$-$H_2O$ 体系热力学性质的等压研究 [J]. 盐湖研究, 2005, 13 (4): 29-34.

[118] 杨吉民, 姚燕, 张爱云, 等. $LiCl$-$Li_2B_4O_7$-$H_2O$ 体系在 298.15 K 下热力学性质的等压研究 [J]. 高等学校化学学报, 2006, 27 (4): 735-738.

[119] YIN S T, YAO Y, LI B, et al. Isopiestic studies of aqueous $MgB_4O_7$ and $MgSO_4$ + $MgB_4O_7$ at 298.15 K and representation with Pitzer's ion-interaction model [J]. J. Solution Chem., 2007, 36: 1745-1761.

[120] YANG J M, YAO Y, XIA Q Y, et al. Isopiestic determination of the osmotic coefficients and Pitzer model representation for the $Li_2B_4O_7$ + $LiCl$ + $H_2O$ system at $T$ = 298.15 K [J]. J. Solution Chem., 2008, 37: 377-389.

[121] YANG J M, YAO Y, ZHANG R Z, et al. Isopiestic determination of the osmotic coefficients and Pitzer model representation for the $Li_2B_4O_7$ + $LiCl$ + $H_2O$ system at $T$ = 273.15 K [J]. J. Solution Chem., 2009, 38: 429-439.

[122] ZENG D W, WU Z D, YAO Y, et al. Isopiestic measurement of water activity on the system $LiNO_3$ + $KNO_3$ + $H_2O$ at 273.1 K and 298.1 K [J]. J. Solution Chem., 2010, 39: 1360-1376.

[123] 邓天龙, 姚燕, 张振英, 等. 308.15 K 下 $NaCl$-$CaCl_2$-$H_2O$ 体系热力学性质的等压研究 [J]. 中国科学: 化学, 2010, 40 (9): 1371-1377.

[124] GUO L J, SUN B, ZENG D W, et al. Isopiestic measurement and solubility evaluation of the ternary system $LiCl$-$SrCl_2$-$H_2O$ at $T$ = 298.15 K [J]. J. Chem. Eng. Data, 2012, 57: 817-827.

[125] 王军, 李军丽, 王之昌. 三元轻稀土硝酸盐水溶液的等压研究 [J]. 东北大学学报, 2004, 25 (4): 406-408.

[126] 王军, 赵立芬, 杨冬梅, 等. $H_2O$+$KCl$(饱和)+$NaCl$+$NH_4Cl$ 的等压研究 [J]. 化学物理学报, 2005, 18 (3): 453-456.

[127] 王军, 王之昌. 多元轻稀土硝酸盐水溶液的等压实验研究 [J]. 化学通报, 2009, 72 (4): 366-369.

[128] WANG J, WANG Z C, LI J L, et al. Isopiestic study of water + mannitol (sat) + sodium chloride + ammonium chloride + barium chloride at $T$ = 298.15 K and comparison with the ideal-like solution model [J]. J Solution Chem., 2005, 34 (3): 369-373.

[129] HE M, WANG Z C, GONG L D, et al. Isopiestic determination of unsaturated and $NH_4NO_3$-saturated $H_2O$ + $NH_4NO_3$ + $Y(NO_3)_3$ + $Nd(NO_3)_3$ system and representation with the Pitzer model, Zdanovskii-Stokes-Robinson rule, and ideal-like solution model [J]. J. Chem. Eng. Data, 2009, 54 (2): 511-516.

[130] WANG M, WANG Z C. Isopiestic studies on the quaternary system (water + ethanol + sodium bromide + ammonium bromide) at the temperature 298.15 K: Comparison with the ideal-like solution model [J]. J. Chem. Eng. Data, 2009, 54 (2): 517-519.

# 2 等压法测定水活度装置及测定方法

## 2.1 等压法测定水活度装置

### 2.1.1 实验仪器和设备

实验的最主要的设备是等压法测定水活度装置（见图 2-1），该装置是在中国科学院青海盐湖研究所姚燕研究员设计的等压箱[1]的基础上进行了延续和部分改进，重新设计加工而成的新一代等压法测定水活度装置。整套等压法测定水活度装置主要包括了等压箱体、等压测定温度控制系统、等压箱传动与吊装装置、减压系统和通洁净干燥空气系统。其中，等压箱体是水活度等压法测试系统中最核心的部件。以下逐一介绍各部分的结构与性能。

图 2-1　等压法测定水活度装置图

#### 2.1.1.1 等压箱

等压箱装置主体是采用不锈钢材质的圆形等压箱，该等压箱经过测试具有良好的耐腐蚀性能。等压箱内部使用紫铜板镀铬（高温时改用纯不锈钢传热板）做传热板，并且在传热板与等压箱底部接触部位采用接触面积非常小的四颗小曲面立柱将紫铜板托起，这样的设计可以使紫铜板做的传热板具有良好的热导性（紫铜材质热导率高）及热缓冲性（小面积接触等压箱体）。等压箱内部的紫铜板传热板（或不锈钢板）上带有 14 个带螺纹的凹槽，用来放置等压杯及固定等压杯盖的螺母。等压箱的箱盖带有箱外螺旋加盖装置，此装置可以使研究者在水浴中轻易地从等压箱外部就将等压箱内部的等压杯进行加盖操作。等压杯使用的是 Ti75 钛合金（商用牌号 TA24）和纯铂两种材质经专门加工设计而成，等压杯为圆柱型，等压杯盖直径和同心度在加工时要求极高，必须达到标准才能使用，并且这些材质的等压杯具有良好的耐腐蚀性。等压杯盖是使用聚四氟乙烯材料加工而成，并配有 O 型橡胶密封圈来增强与等压杯之间的密封性。

#### 2.1.1.2 温度控制系统

恒温系统是等压实验的基础，使用纯净水（低温时用乙二醇，高温时用甘油）作为工作介质，采购的德国劳达（LAUDA）公司生产的 PBC Proline 桥式恒温器作为温度控制系统，为了控制在室温附近及低于室温的实验环境，系统配备型号 DLK 45 的穿流式冷却器用于制冷，这样恒温系统就可以完全用于从低温到高温的较宽范围的实验。在温度 323.15 K 时恒温系统可以直接使用纯净水作为介质，纯净水中含有离子很少，在使用过程中几乎不会出现结垢现象，对桥式恒温器的影响很小，几乎不腐蚀设备。323.15 K 高于室温较多，经过实验验证不使用冷却器只用恒温器就可以将恒温水浴的温度控制得很好，温度波动很小因此不需要接入冷却器。恒温水浴的温度采用经过中国国家计量局标定过的数字温度计校正，并以此为标准温度校正桥式恒温器的设定温度，因此实验的温度是可靠的。经过长时间的实验记录观测发现，此恒温系统可以将水浴温度精度控制在±0.01 K。

#### 2.1.1.3 传动与吊装装置

实验设备中的传动装置是用来让等压箱每隔一定的设定时间在恒温水浴中以一定幅度往复运动一段时间，其目的是为了将等压杯中的溶液混合均匀，并且能够缩短各等压杯中溶液达到等压平衡的时间。等压实验设备的传动装置可以自动传动，间隔时间可以自行设定，实验中采用每隔 10 min 搅动 2 min。本实验使用的等压箱体采用的是全不锈钢材质加工而成，装配完毕后达到 40 kg 以上，仍然采用以前的人工搬运方法已经非常不适合，且容易出现危险，因此本套实验设备中加入了吊装系统，吊装系统采用链条加绞盘的方法，可以让一个人轻松地将等压箱体在恒温水浴和操作台之间进行搬运、调整姿态操作等，并且操作台上配有一圆形等压箱专用底座，这个底座可以旋转，这样等压箱在装配过程变得非常轻松。

### 2.1.1.4 减压系统和通洁净干燥空气系统

装配好等压杯的等压箱在放入恒温水浴之前一般须进行排除等压箱体内及等压杯内溶液中溶解的气体的操作，目的是使等压箱体内部处于非常低压状态，这样更加有利于各等压杯之间水蒸气的转移，从而减少等压箱内各等压杯中溶液达到蒸汽压平衡的时间。等压平衡后打开等压箱之前必须首先通入洁净干燥的空气，使等压箱体内的气压与外界环境的大气压强一致，否则等压箱体内的负压根本无法打开等压箱的箱盖，同时为了防止等压箱体内压强瞬间变大会导致可能加盖失败的等压杯中的溶液飞溅使整个实验失败，通入空气过程必须非常缓慢小心。通洁净干燥空气系统是由两个圆柱干燥塔组成的，两个干燥塔之间用硅胶管连接并密封，其中一个干燥塔里装有变色硅胶并且用纱布将上下两端与通气接口处隔开；另一个干燥塔里盛有分子筛也用纱布将上下两端与通气接口处隔开。这样可以将通过的空气经过两次干燥过滤，另外在与等压箱联接的一端接上一个球形的 4 号玻璃砂芯，可以更进一步将通入的空气进行过滤和减慢进气速度。

### 2.1.1.5 天平

等压法测定水活度的实验的原始数据全部来自天平称重的结果再进行计算，所以实验中用到的天平对于最终结果是极其关键的。实验工作中所使用的天平是 Sartorious 电子天平，型号为 CPA225D，在 100 g 以内的称重精度为 ± 0.00001 g。

## 2.1.2 试剂和溶液

### 2.1.2.1 化学试剂

书中实验使用到的主要化学试剂原料列于表 2-1。

表 2-1  实验使用到的主要化学试剂

| 试 剂 | 纯 度 | 生 产 厂 家 |
|---|---|---|
| $LiCl \cdot H_2O$ | 优级纯 | 上海中锂实业有限公司 |
| $NaCl$ | 优级纯 | 国药集团化学试剂有限公司 |
| $KCl$ | 优级纯 | 国药集团化学试剂有限公司 |
| $MgCl_2 \cdot 6H_2O$ | 优级纯 | 国药集团化学试剂有限公司 |
| $SrCl_2 \cdot 6H_2O$ | 优级纯 | 国药集团化学试剂有限公司 |
| $BaCl_2 \cdot 2H_2O$ | 优级纯 | 国药集团化学试剂有限公司 |
| $CaCl_2$ | 99.99% | 上海晶纯生化科技股份有限公司 |
| $H_2SO_4$ | 优级纯 | 北京化学试剂厂 |

#### 2.1.2.2 实验用试剂的提纯

等压法测定水活度的实验中对于使用的化学试剂的纯度要求很高，因此一般都要对购买的商品化学试剂进行进一步的提纯，并且必须对提纯后获得的样品进行杂质离子含量分析后才能确定提纯的试剂是否合格能否使用。

实验中使用到的氯化钠、氯化钾、氯化镁试剂都是采购国药集团化学试剂有限公司优级纯试剂进行三次重结晶后得到，氯化锂试剂是采购自上海中锂实业有限公司99.9%试剂进行三次重结晶后得到，在每次重结晶时都控制析出的固体量在原始加入量的50%左右，最后析出结晶经过滤后，分别得到 NaCl、KCl、$MgCl_2 \cdot 6H_2O$ 和 $LiCl \cdot H_2O$ 晶体。$CaCl_2 \cdot 6H_2O$ 试剂使用上海晶纯生化科技股份有限公司99.99%试剂，未采取进一步提纯直接使用。将最后一次重结晶得到的固体，经过干燥，储存在洁净干燥的容器中，等待检测杂质含量和用于配制原始储备液。$H_2SO_4$ 是从北京化学试剂厂购买的优级纯试剂，未采取蒸馏提纯等操作直接用于储备液配制。这些实验过程中所用的水均为二次蒸馏去离子水，在第一次蒸馏中加入高锰酸钾用来除去去离子水中可能含有的有机物、微生物等，经二次纯化处理后水的电导小于 $1.5 \times 10^{-4}$ S/m。实验中使用到的 $AgNO_3$ 溶液是用天津市天感化工技术开发有限公司的基准试剂和二次蒸馏水配制而成的，盐酸和硝酸溶液是用白银化学试剂厂的优级纯试剂和二次蒸馏水配制而成的。

#### 2.1.2.3 杂质含量的检测

提纯后获得的试剂进行杂质含量分析按照如下过程进行的：分别准确称取0.5 g 左右上述经过重结晶的试剂和购买的原料试剂，都用二次蒸馏水溶解于100 mL 的容量瓶中，摇匀，然后将样品用 ICP 原子发射光谱仪（Thermo Electron Corporation，ICAP 6500 DUO）对溶液中的杂质离子含量进行分析。将上述经过重结晶提纯的试剂中的杂质离子含量和原料试剂中杂质离子含量测定结果列于表2-2 中。从表2-2 中的结果可以看出，实验中使用的所有结晶提纯的试剂的所有杂质离子总含量都在 100 mg/kg 以下，这已经完全能够满足开展等压法的试剂规定。

**表2-2 重结晶后 $LiCl \cdot H_2O$、NaCl、KCl 和 $MgCl_2 \cdot 6H_2O$ 试剂与原料试剂杂质含量比较**

| 样 品 | | 各离子含量/mg · kg⁻¹ | | | | | | | |
|---|---|---|---|---|---|---|---|---|---|
| | | Li | Na | K | Mg | Ca | Sr | Ba | Fe |
| $LiCl \cdot H_2O$[①] | 三次重结晶 | ⋯ | 3.56 | 2.27 | 5.26 | 4.22 | ⋯ | — | — |
| | 原试剂 | ⋯ | 30.6 | 24.57 | 32.45 | 13.41 | ⋯ | — | 9.24 |
| NaCl[①] | 三次重结晶 | — | ⋯ | 2.68 | 1.25 | ⋯ | ⋯ | — | — |
| | 原试剂 | 2.57 | ⋯ | 25.85 | 43.25 | ⋯ | ⋯ | 2.57 | 6.33 |
| KCl[①] | 三次重结晶 | — | 3.54 | ⋯ | 0.79 | ⋯ | ⋯ | — | — |
| | 原试剂 | 2.57 | 66.25 | ⋯ | 93.25 | ⋯ | ⋯ | 2.57 | 5.11 |

| 样　品 | | 各离子含量/mg·kg$^{-1}$ | | | | | | | |
|---|---|---|---|---|---|---|---|---|---|
| | | Li | Na | K | Mg | Ca | Sr | Ba | Fe |
| $MgCl_2 \cdot 6H_2O$① | 三次重结晶 | — | 6.55 | 7.52 | … | 1.18 | 2.42 | — | — |
| | 原试剂 | 4.43 | 53.11 | 27.22 | … | 3.61 | 10.67 | 5.21 | 15.32 |
| $SrCl_2 \cdot 6H_2O$① | 三次重结晶 | … | … | … | 31.5 | 42 | … | 3.78 | 11.34 |
| | 原试剂 | … | … | … | 82.4 | 95.2 | … | 14.26 | 34.18 |
| $BaCl_2 \cdot 2H_2O$① | 三次重结晶 | 7.42 | 11.03 | … | 34.52 | 49.20 | 38.11 | … | 22.09 |
| | 原试剂 | 15.4 | 34.25 | … | 78.29 | 50.21 | 59.77 | … | 76.39 |

注："—"代表含量在检测限以下；"…"代表该离子未检测。

① ICP（Thermo Electron Corporation，ICAP 6500 DUO）。

### 2.1.2.4　原始储备液的配制和浓度标定

**A　原始储备液的配制**

将上述经过提纯和杂质离子含量检测合格的 $LiCl \cdot H_2O$、NaCl、$MgCl_2 \cdot 6H_2O$、KCl、$CaCl_2 \cdot 6H_2O$ 试剂和蒸馏水按照常温下这些盐的溶解度配制成低于室温下饱和浓度的储备液。氯化钙储备液作为参考溶液，为了实验方便和实验精确的需要，配制成一个高浓度和一个低浓度的储备液。$H_2SO_4$ 作为参考溶液，其储备液是用优级纯的浓硫酸先配制成大约 18 mol/kg 的储备液，再通过稀释配制成 6 mol/kg 和 3 mol/kg 左右的储备液，配制和稀释时都是将硫酸转移到称量好的水中。氯化钙储备液储存在聚四氟乙烯试剂瓶中，密封备用，$H_2SO_4$ 储备液储存在玻璃容量瓶中，密封备用。

**B　原始储备液浓度的标定**

$H_2SO_4$ 储备液的浓度，我们采用经典的 $BaSO_4$ 沉淀法[2]通过分析储备液中的 $SO_4^{2-}$ 含量来确定。储备液浓度的测定过程至少取 5 个平行样，且保证 5 个样品中至少有 3 个样品的相对偏差小于 0.05%，这样的结果才可以使用，否则就认为此次测定实验失败，需要重新测定。储备液最后浓度取至少三个合格的分析结果的平均值。由于在每次的等压实验的取样过程理论上都会导致浓度的变化，一般在 3～6 个月将储备的浓度进行重新标定。$H_2SO_4$ 储备液浓度的首次分析结果见表 2-3。经过我们的实际操作与文献介绍，在使用 $BaSO_4$ 沉淀法测定 $SO_4^{2-}$ 含量的分析步骤和注意事项主要有以下几点：

（1）恒重过程。将干净的空瓷坩埚放置在马弗炉中 1073.15 K 下灼烧至少 2 h，冷却后称重，再重新放回马弗炉中 1073.15 K 下灼烧 2 h 冷却后称重，直到最后两次称重结果恒重为止。

（2）取样过程。取样过程是分析实验的开始，用我们自行设计加工的质量滴定瓶在天平上用减量法准确称取一定量的 $H_2SO_4$ 储备液样品，加入 500 mL 盖

表 2-3　原始储备液浓度分析结果

| 分析方法 | 储备液浓度/mol·kg⁻¹ | | | | | | | | |
|---|---|---|---|---|---|---|---|---|---|
| | $CaCl_2$① | $CaCl_2$② | $H_2SO_4$① | $H_2SO_4$② | LiCl① | LiCl② | NaCl | KCl | $MgCl_2$ |
| 沉淀重量法 | 1.4966 | 5.2356 | 2.8924 | 7.7723 | 2.2507 | 6.9756 | 5.8961 | 4.2855 | 3.4833 |
| 称重法 | — | — | — | — | — | — | 5.8958 | 4.2858 | — |

注："—"表示未使用该方法。

① 低浓度原始储备液;

② 高浓度原始储备液。

有表面皿的烧杯中。$H_2SO_4$ 储备液的取样量根据最后 $BaSO_4$ 沉淀的质量在 0.7g 左右作为计算标准。

(3) 沉淀过程。向取样完的烧杯加水稀释到 350 mL 左右,将此烧杯盖好表面皿置于沸水浴上加热至近沸。另外称取超过计算量 20% 左右的 $BaCl_2$ 溶液(质量浓度 5% 左右)到 100 mL 左右的小烧杯中,也盖好表面皿一起放在沸水浴上。当两者都近沸以后,将 $BaCl_2$ 溶液迅速地加入已加热近沸的待测 $H_2SO_4$ 溶液中,加入 $BaCl_2$ 溶液过程中要不断对 $H_2SO_4$ 溶液进行搅拌。每隔 10 min 左右将溶液搅拌一次,最后将烧杯在沸水浴上继续煮沸 2 h 左右,待溶液变得澄清后,沉淀开始慢慢沉降。沉降完毕,需要检验溶液中硫酸根离子是否沉淀完全,检验方法是:将 $BaCl_2$ 溶液滴加到烧杯中,如果上层清液出现浑浊,表明硫酸根离子未沉淀完全,需要继续向烧杯中加入 $BaCl_2$ 溶液,直至过量将硫酸根离子沉淀完全。如果上层清液没有出现浑浊,说明硫酸根离子已经全部沉淀完全,此时可以将烧杯从水浴上取下,冷却过夜陈化,以使沉淀颗粒长大,易于后面过滤。

(4) 过滤过程。根据文献使用慢速定量滤纸进行过滤操作,将滤纸叠好紧贴玻璃漏斗内壁,并将三层滤纸放在漏斗下管短的一侧,在漏斗下面放置一个 500 mL 左右的烧杯专门用来盛接过滤液,并且将漏斗的下管长的一侧靠紧烧杯内壁,以利于形成水柱拉力加快过滤速度。在正式过滤前先用二次水将滤纸洗涤 3 遍,并制作好水柱然后开始过滤,先将步骤 (3) 中沉淀完并陈化好的烧杯中的上层清液仔细地通过玻璃棒转移到制作好的漏斗中,每次转移到漏斗里的液体要保证在 1/2 高度以内。待烧杯中的上层清液被转移过滤完毕,开始小心地将烧杯内的固体沉淀也转移到漏斗中。沉淀转移是过滤过程最重要的环节,必须仔细操作,操作过程的要点按文献 [2] 描述的进行:冲洗时不要用洗瓶的水流直接对着沉淀冲洗,而是采用冲洗周边将沉淀用水流带下来的方法,待沉淀被完全转移后,再将烧杯冲洗 5 次。然后用玻璃棒和乳胶管制作的沉淀刷仔细地将玻璃棒刷洗干净并烧杯中取出,再用沉淀刷将烧杯从底往上刷洗至少 3 次,并将冲洗液转移到漏斗中过滤,最后再直接洗涤漏斗中的沉淀,直到滤液中不再含有氯离子为止。检验氯离子是否洗干净的方法是向收集的过滤液中滴加 0.1 mol/L 的 $AgNO_3$

溶液,如果氯离子洗干净则过滤液中不会出现浑浊,如果出现浑浊则证明没有洗干净,需要继续冲洗。

(5) 沉淀恒重。将沉淀转移并洗涤完毕后,用洁净的小镊子将过滤沉淀的滤纸细心到从漏斗中撬起,折叠将沉淀包裹好,然后放入恒重过的空瓷坩埚中,再将盛有沉淀滤纸包的瓷坩埚置于马弗炉中加热。先将温度调整到 423.15 K,在此温度下加热 2 h 左右,可以将滤纸和沉淀包含的水分烘干。然后将马弗炉的温度调高至 723.15 K 左右,温度到达时,坩埚中的滤纸开始灰化,此时打开马弗炉的炉门,以便于将滤纸灰化后的烟雾排出,待烟雾全部从马弗炉炉腔内排出后,将马弗炉炉门关上,并且将马弗炉温度继续调高到 1073.15 K,在此温度下灼烧 2 h 后,马弗炉停止加热,待马弗炉内温度降低至 573.15 K 左右,取出瓷坩埚,并放置于玻璃干燥器中冷却至室温,经过称重后再重复前述步骤,直到前后两次称量的结果相差在±0.0002 g 以内,即认为达到恒重。

NaCl 和 KCl 是不含结晶水且容易干燥的盐,它们的储备液首先按重量法进行配制,过程是这样的:先将 NaCl 和 KCl 放在大的干净的瓷坩埚中在马弗炉中 873.15 K 反复灼烧,待恒重后,用减量法将 NaCl、KCl 小心地称取到四氟乙烯试剂瓶中,之后用减量法加入二次蒸馏水至四氟乙烯试剂瓶中配制成原始 NaCl 和 KCl 储备液。上述过程中,NaCl、KCl 和水的量都是通过称重直接得到的,由此可以直接计算出 NaCl、KCl 储备液的浓度。配制完毕后,NaCl 和 KCl 储备液的浓度也使用经典的 AgCl 沉淀法[2]分析溶液中 $Cl^-$ 离子浓度获得,以保证储备液的浓度的准确性和相互验证。AgCl 沉淀法分析步骤和注意事项主要有以下几点:

(1) 恒重过程。将干净的空砂芯坩埚(G4 砂芯)放置在烘箱中 413.15 K 下首次烘干时间至少 12 h,取出放入棕色干燥器中冷却后称重,再重新放回烘箱中 413.15 K 下烘干 4 h 冷却后称重,直到前后两次称量的结果相差在±0.0002 g 以内,即认为达到恒重。

(2) 取样过程。用我们自行研制加工的质量滴定瓶准确称取一定量的含有氯离子的原始储备液样品(取样量按照 AgCl 沉淀的量在 0.7 g 左右计算)于 500 mL 的烧杯中,烧杯中有玻璃棒并用表面皿盖住。向烧杯中加入 150 mL 的水搅拌,再加入 0.5 mL 的浓硝酸,浓硝酸的加入是为了沉淀容易聚集长大,以便在过滤阶段容易过滤和刷洗。

(3) 沉淀过程。在没有光线的情况下,向步骤(2)中的冷溶液中缓慢加入 0.1 mol/L 的硝酸银溶液,并不停搅拌,加入硝酸银要稍过量;这可简单的通过将沉淀放置后并加入几滴硝酸银来检测是否有新的沉淀产生来确定。当沉淀剂加入完毕后再将烧杯置于水浴锅上加热至近沸,并保持在近沸腾下直至沉淀凝结,以及上层液变得澄清(2~3 min)确定沉淀完全,这期间隔一段时间充分搅拌一次。待上层溶液变得澄清,向上层清液中滴加 0.1 mol/L 的硝酸银溶液,检验溶液中氯离子是否全部沉淀。如果上层清液没有产生浑浊，表明沉淀完全，如果上层清液继续产生浑浊，证明氯离子没有沉淀完全，需要继续加入 0.1 mol/L 的硝酸银溶液，直至氯离子全部沉淀。待上层清液全部澄清后，将烧杯从水浴上取下，并放置在黑暗处，在过滤前将烧杯放置 1~2 h，同时准备过滤坩埚。

（4）过滤过程。过滤前先布置好抽滤系统，将砂芯坩埚放置到抽滤垫上并一起置于抽滤瓶上，连接抽滤泵，开始抽滤。也是先将烧杯中的上层清液转移到空的玻璃砂芯坩埚中进行抽滤，并且保证每次转移进去的液体都小于砂芯坩埚高度的 1/2。将上层清液转移完后，开始转移 AgCl 沉淀。转移 AgCl 沉淀的要领跟前述转移 BaSO$_4$ 沉淀一样，转移并洗涤完毕后后用稀硝酸溶液洗涤 AgCl 沉淀，直到滤液中不含有 AgNO$_3$。AgCl 沉淀是否洗干净可以采用如下方法来检验：将洗出液收集 3~5 mL 到一个小试管或小烧杯中，加入 1~2 滴 0.1 mol/L 的盐酸来检验，如果加入 1~2 滴 0.1 mol/L 的盐酸不变浑浊，则 AgCl 沉淀洗涤干净，否则需要继续洗涤。

（5）沉淀恒重。沉淀转移洗涤完毕后，用洁净的小镊子将过滤沉淀的砂芯坩埚放到烘箱中加热，413.15 K 下加热 4 h，关闭烘箱，取出砂芯坩埚，放置于棕色玻璃干燥器中冷却至室温，进行称重后再重复上述操作，称重时也要求在弱光的条件下进行，直到前后两次称量的误差在 ±0.0002 g 以内，即认为达到恒重，在称重过程和其他拿取砂芯坩埚过程都必须仔细，以免砂芯坩埚翻倒导致沉淀倒出影响称重结果。

LiCl、MgCl$_2$ 和 CaCl$_2$ 原始储备液直接用提纯好的盐和二次蒸馏水配制，然后采用经典的 AgCl 沉淀法[2]分析溶液中氯离子浓度来获得原始储备液的浓度。AgCl 沉淀法因为 AgCl 沉淀颗粒较大，且沉淀颗粒不易附着在烧杯杯壁上，沉淀转移和刷洗都比较容易，因此分析精度比较高，与利用直接烘干法（用高纯NaCl 溶液做对照实验）得到的分析结果相对误差在万分之五以内。原始储备液浓度的分析结果见表 2-3。

### 2.1.3　混合储备液的配制

首先根据 Zdanovskii 规则[3]对体系的等压实验进行近似预算。从 Zdanovskii 规则我们知道，对于理想溶液，当达到等压平衡时，有：

$$\frac{1}{m} = \frac{Y_A}{m_A^0} + \frac{Y_B}{m_B^0} \tag{2-1}$$

式中，$m_A^0$、$m_B^0$ 分别为两种纯盐溶液的质量摩尔浓度；$m$ 为混合盐中含两种盐的质量摩尔浓度之和；$Y_A$、$Y_B$ 分别为混合溶液中两种盐 A 和 B 的质量摩尔分数，$Y_A = m_A/(m_A + m_B)$，$Y_B = m_B/(m_A + m_B)$。

虽然实验溶液并非是理性溶液，但是等压平衡的浓度关系偏离 Zdanovskii 规则不会太大，仍然可以用于等压测定混合溶液的渗透系数和水活度的预算。

根据预算设定的不同的 $Y_A$、$Y_B$ 值，预算配制一定量的混合储备液，需要称取的已经配制好并且标定过浓度的 NaCl、KCl、$MgCl_2$ 和 $CaCl_2$ 纯盐储备液的量，并且保证混合储备液在实验室储存的温度条件下不会析出固相的情况下，配制的混合储备液的浓度尽可能的高一些。通过预算，用质量滴定瓶准确称取纯盐储备液和水，配制成所需的不同 $Y_A$、$Y_B$ 的混合储备液。

## 2.2 等压法测定水活度的实验方法

### 2.2.1 等压实验方法与步骤

本书中开展的等压法测定水活度实验操作过程主要包括如下几步：

（1）等压箱箱体密封性的检验。这是使用等压法开展正式等压实验前的基础，具体操作方法是：将清洗干净并烘干的等压箱箱体内所有部件装好，然后将等压箱的箱盖盖上，并将等压箱与箱盖之间的固定螺栓旋紧，将减压系统与等压箱盖上安装的针芯微调阀连接起来，接通真空泵电源，调节减压系统的各个阀门的空气流量，通过针芯微调阀门缓慢给等压箱减压，直到等压箱内的压强不再继续降低，关紧针芯阀门和减压系统阀门并关闭真空泵。然后将等压箱在室温条件下放置至少 48 h 以后检验密封性。先将减压系统联接到等压箱的针芯阀上，暂时先不打开针芯阀阀门，随后将真空泵电源接通，将减压系统管路内进入的所有空气排空，关闭减压系统总阀门，打开针芯阀阀门，若精密数字压力计显示的压强值前后变化很小，那么可以说明等压箱的密封性经过检验可以用于等压法测定水活度实验。如果压强前后数值变化很大，我们就要逐段逐单元地用排除法对等压箱进行密封检测。

（2）等压杯的恒重和密封性检测。将洁净的等压杯盛入 2.0 g 左右蒸馏水盖好四氟乙烯杯盖在烘箱中 323.15 K 大约 2 h，取出放到干燥器中冷却 1 h 后不打开杯盖称重。称重结束后再次将等压杯放回到烘箱中 323.15 K 下大约 2 h，取出放到干燥器中冷却 1 h 后不打开杯盖称重，前后两次称量结果在 ±0.001 g 以内，认为等压杯杯盖的密封性能够用于等压实验，如果称量结果差别太大，则必须更换等压杯杯盖或者杯盖的 O 型密封圈，并对等压杯进行重新检验直至密封性变好。将前述密封性良好的等压杯盖和等压杯盖对应着在烘箱中 368.15 K 大约 24 h，取出放到干燥器中冷却 1 h 后盖好盖子称重。再将等压杯的盖子打开状态下重新放回到烘箱中 368.15 K 下 4 h 左右，取出后放入干燥器在室温下冷却后将等压杯盖好盖子称重，直至称重的数据差别在 ±0.0002 g 以内，确认等压杯已经过恒重可以进行等压法实验。

（3）等压实验样品的配制。用质量滴定瓶称取已经配制好的不同质量摩尔分数的储备液和等压参考溶液，每个样品取 2 个平行样以便相互验证。当待测样品溶液的浓度较低水活度较高时，根据计算好的需要加水量，用另一个专门加水的质量滴定瓶小心地向等压杯中加水进行稀释；如果实验溶液的浓度在一般的中等浓度时，可以通过减压过程中增加时间的方法将一部分水蒸气抽走，达到提高实验溶液浓度的目的；当待测样品溶液的浓度很高水活度非常低时，仅靠减压系统来抽走水蒸气变得非常困难，这时必须将等压杯放在烘箱里进行加热蒸发赶走水蒸气，烘箱温度一般控制在 323.15 K 以下，直到等压杯中的水蒸气挥发到所需的要求为止。

（4）装箱。将步骤（3）中称取好待测实验样品的等压杯小心地放置到等压箱里面的传热铜板上的等压杯槽中，逐个地将传热铜板上的等压杯固定螺栓旋上但要稍微旋松，此时按照顺序将等压杯盖从等压杯上取下放到等压箱盖上一一对应的等压杯盖固定处，同时将等压杯的放置位置记录在记录本上，以备取样时查找原因。用专用等压杯定位板调整好等压杯的位置，同时将之前未拧紧的固定螺栓拧紧固定，用专用提手将传热板放回到等压箱体里，并调整好位置。安装好密封圈后，盖上等压箱盖，最后将固定等压箱盖板的螺栓固定牢固。

（5）等压箱减压。将上述安装完盛有实验溶液的等压箱与减压系统连接，接通真空泵电源，先将减压系统管路中的空气排空，再缓慢打开针芯微调阀阀门，开始减压。当精密数字压力计读数距离常温下水的沸腾压强时（40 mmHg）比较近时，控制等压箱减压的速度（方法是通过调节减压系统中的真空阀门来控制流速）。根据我们以前的实验研究发现，等压箱减压速度最好控制在 100 Pa/min 以下，这样才能保证等压箱减压过程时等压杯中的溶液不会沸腾溅出（这个过程可以将溶解在等压杯中溶液的气体慢慢排出）造成实验失败。然后缓慢减压大约 30 min，直到精密数字压力计显示的压强数值基本不再继续减小。这时，可以停止减压，操作步骤是：最先关闭针型微调阀阀门，然后逐级逐段关闭减压系统的真空阀门，将与真空泵直接联接的最大三通阀门接到大气环境，最后关闭真空泵电源，再将三通阀门与大气隔绝。为了避免针型微调阀在水浴中的平衡过程中进入液体，实验中专门在针型微调阀接头处加装一个专门加工的带 O 型圈的密封堵头。

（6）实验溶液等压平衡。将整个等压箱体置入温度调整好的恒温水浴中，设定好搅拌系统。根据平衡温度和溶液的浓度，平衡时间在 2~5 天之间，根据以往的研究经验，在一般情况下，当溶液浓度很稀或很浓时，平衡时间相对会较长。

（7）取样及称量。待设定的平衡时间到达时，等压箱内的所有等压杯中溶液的水蒸气压强都相同，也就是所有等压杯中的电解质溶液体系的水活度都一致了。此时，切断等压箱传动装置及搅拌定时器的电源；用专用扳手扳动加盖系统的螺栓，将螺栓旋紧，这一过程就是相当于在水浴中将等压箱中的等压杯的杯盖进行了加盖操作；随后用起吊系统吊出等压箱，放到操作台上面的等压箱底座上，迅速用毛巾和滤纸擦干后，将针芯阀的堵头拧松取下，连接到通洁净干燥空气系统，缓慢地向等压箱内通入干燥洁净的空气。待等压箱内压强与环境的压强相等后，旋紧针芯阀。用扳手将等压箱盖的固定螺栓全部拧松取下，用滤纸擦净等压箱盖板与等压箱体间的水珠，用专用扳手将等压箱盖上等压杯盖固定板提起，随后打开等压箱盖，拧松取下等压杯固定螺丝，将加好等压杯盖的等压杯转移至干燥器中，在室温下干燥、冷却 1 h，然后用精密天平进行称重。在第一次称重时先不要打开等压杯杯盖，第二次称重前先用专用扳手小心缓慢地打开等压杯盖（避免空气快速进入导致等压杯内溶液溅起）放入空气后盖上等压杯杯盖再次称重，第三次称重前再次打开等压杯盖放入空气后盖上等压杯杯盖进行称重，每次称重的结果都要认真记录。如果第三次称量结果大于第二次的称量结果，说明第二次称重时空气没有全部放入等压杯，则需要进行第四次称重。第二次称量结果一般比第一次的称量结果大 0.01 g 左右，则证明这个等压杯在实验过程中的密封性非常好，如果差值太小，甚至第二次比第一次结果还低，则证明等压杯密封性不好，需要根据情况作出实验数据的取舍。

## 2.2.2 等压实验数据校正

根据 1.2.4 小节中介绍的等压实验基本原理可知，在同一批实验中，当实验溶液和等压参考溶液达到水蒸气压相等，实验溶液的水活度与用作等压参考溶液的水活度也是相一致的。用作等压参考的溶液的水活度（$a_w$）或者渗透系数（$\phi$，与 $a_w$ 之间有对应关系式），我们通过精确的参考溶液的平衡浓度与其水活度（或渗透系数）之间严格的数学关系表达式计算求解，这样待测实验溶液的水活度也就得到了，但是与水活度对应的等压平衡后的待测溶液的浓度还需要准确获得。这样，在测定水活度过程里，关键的就是获得实验溶液及参考溶液的精确浓度数据，在非室温条件下的实验需要对称量所得的重量数据进行必要的校正。

### 2.2.2.1 空气校正

本书中的空气校正指的是校正将溶液加入到等压杯中后，将会从等压杯中挤出相同体积的空气。如果不对这部分挤出空气进行校正，那么平衡后溶液的质量为 $m_s$，可用下面的式（2-2）直接计算得到：

$$m_s = m_0 - m_c \tag{2-2}$$

式中，$m_0$ 为等压平衡后等压杯与溶液的质量；$m_c$ 为等压杯空杯的质量。

如果将称取实验样品时在等压杯中占有的体积考虑进来，这部分溶液的加入会使等压杯中的空气减少，那么称量后实验样品和参考体系的质量则应修正为式（2-3）：

$$m_s = m_0 - m_c + m_1 \tag{2-3}$$

式中，$m_1$ 为溶液从等压杯中挤出的空气的质量，$m_1$ 可以由下面的公式（2-4）计算得到。

$$m_1 = p_a \cdot V_s \cdot M_a / (RT_a) \tag{2-4}$$

式中，$p_a$ 为空气的大气压强，Pa；$V_s = m_s/\rho_s$ 为溶液占有的体积，由未进行校正的溶液的质量与溶液的密度计算得到，当密度不可知时，可以先简化做纯水的密度；$M_a$ 为空气的平均摩尔质量，本书使用 $M_a = 29$ g/mol；$R$ 为理想气体常数，$R = 8.314$ J/(mol·K)；$T_a$ 为实验溶液取样过程中环境的温度，K。

#### 2.2.2.2　冷凝水校正

在高于室温条件下开展等压法测定水活度实验时，实验达到等压平衡后要取出等压杯，将等压杯放入干燥器在室温下冷却，在此过程中等压杯内溶液上方的原来在实验温度下的饱和水蒸气会逐渐冷凝到溶液中或等压杯杯壁及杯盖上面，因此最后达到平衡时称得的溶液的质量比实际的溶液质量多计算了上述这部分冷凝水的量。鉴于此，最后称量结果应该扣除这部分冷凝水的质量，这部分冷凝水的质量（$m_2$）与实验温度下的达到平衡时的压强有关，而达到平衡时的压强可以通过没有经过修正的等压参考溶液的水活度反算得到。从等压参考体系的水活度可以反算蒸汽压，计算方法可以通过下面的过程来获得：

$$a_s = f_s / f_s^{\ominus} \tag{2-5}$$

式中，$f_s$ 为溶液中溶剂在某一特定温度下的逸度；$f_s^{\ominus}$ 为纯溶剂在此相同温度下的逸度。

溶剂的相对逸度与溶剂蒸汽压之间有如下的关系式：

$$\ln(f_s / f_s^{\ominus}) = \ln(f_s / p_s) - \ln(f_s^{\ominus} / p_s^{\ominus}) + \ln(p_s / p_s^{\ominus}) \tag{2-6}$$

式中，$p_s$ 为溶液中溶剂在某一温度下的饱和蒸汽压；$p_s^{\ominus}$ 为纯溶剂在相同温度下的饱和蒸汽压，对上式进行积分得到：

$$\ln(f_s / p_s) = \int_0^{p_s} \left( \frac{V_{s(g)}}{RT} - \frac{1}{p_s'} \right) \mathrm{d}p_s' \tag{2-7}$$

式中，$p_s'$ 为积分变量；$V_{s(g)}$ 为溶剂在气相中的摩尔体积。

$V_{s(g)}$ 为 $p_s'$ 的函数，用维里方程表示 $V_{s(g)}$ 与 $p_s'$ 之间的函数关系为：

$$\frac{V_{s(g)}}{RT} = \frac{1}{p} + \frac{B_2(T)}{RT} + \frac{B_3(T)p}{RT} + \frac{B_4(T)p^2}{RT} + \cdots \tag{2-8}$$

式中，$B_i(T)$ 为维里系数，把式（2-8）代入式（2-7）中就会推导出式（2-9）：

$$\ln(f_s / p_s) = \frac{1}{RT} \int_0^{p_s} \left[ B_2(T) + B_3(T)p_s' + B_4(T)p_s'^2 + \cdots \right] \mathrm{d}p_s'$$

$$= \frac{B_2(T)}{RT} p_s + \frac{B_3(T)}{2RT} (p_s)^2 + \frac{B_4(T)}{3RT} (p_s)^3 + \cdots \tag{2-9}$$

同理：

$$\ln(f_s/f_s^{\ominus}) = \ln(f_s/p_s) - \ln(f_s^{\ominus}/p_s^{\ominus}) + \ln(p_s/p_s^{\ominus})$$

$$= \ln(p_s/p_s^{\ominus}) + \frac{1}{RT}\left\{B_2(T)(p_s - p_s^{\ominus}) + \frac{B_3(T)}{2}\left[p_s^2 - (p_s^{\ominus})^2\right] + \cdots\right\}$$

对于等压法测定水活度的实验，第三维里系数及更高的可以不予考虑，那么上式变为：

$$\ln(f_s/f_s^{\ominus}) = \ln(p_s/p_s^{\ominus}) + B_2(T)(p_s - p_s^{\ominus})/(RT) \tag{2-10}$$

将式（2-5）代入式（2-10）中得：

$$\ln a_s = \ln(p_s/p_s^{\ominus}) + B_2(T)(p_s - p_s^{\ominus})/(RT) \tag{2-11}$$

式中，$p_s$ 为实验温度下达到等压平衡时蒸汽压，Pa；$p_s^{\ominus}$ 为相同温度时纯水的饱和蒸汽压，Pa；$B_2(T)$ 为溶剂水在相同温度下的第二维里系数；$p_s^{\ominus}$ 和 $B_2(T)$ 与温度的值见表 2-4。

表 2-4 水在不同温度下的 $p_s^{\ominus}$ 和 $B_2(T)$

| $T/K$ | $p_s^{\ominus}/MPa$ | $B_2(T)/cm^3 \cdot mol^{-1}$ |
|---|---|---|
| 273.15 | 0.61075 | −1761 |
| 283.15 | 1.22757 | −1475 |
| 293.15 | 2.33834 | −1252 |
| 303.15 | 4.24515 | −1073 |
| 313.15 | 7.38129 | −930 |
| 323.15 | 12.34473 | −812 |

这样，每一批等压实验结束后每个等压杯中冷凝下来的水的质量（$m_2$），首先通过没有经过修正的称量结果来获得等压参考体系的浓度，进而根据浓度与水活度（或渗透系数）的关系式计算出等压参考体系的水活度（$a_w$），也就可以依据前述关系是得到等压平衡时的蒸汽压，再根据式（2-12）便可以逐个得出每一个等压杯中冷凝下来的水的质量，再一一对应扣除这部分质量，便由此获得了每个等压杯中的溶液经过冷凝水修正后的质量，也就可以计算出参考溶液体系的新的修正后的浓度以及对应的新的修正水活度。

$$p_s V_i = \frac{m_i}{M_w} RT \tag{2-12}$$

式中，$m_i$ 为等压杯中溶液上部水蒸气的质量；$M_w$ 为水的摩尔分子质量，$M_w = 18.0153$ g/mol；$V_i$ 为等压杯中溶液上部水蒸气的体积，$V_i = V_{杯} - V_{溶液}$。

### 2.2.3 等压参考体系

#### 2.2.3.1 等压参考体系的选择

在等压法测定实验中，经常使用的到等压参考体系标准主要有 NaCl-$H_2O$、

$H_2SO_4$-$H_2O$、KCl-$H_2O$、$CaCl_2$-$H_2O$ 等体系。针对所研究的体系种类不同及温度不同等选择不同的等压参考体系标准。NaCl-$H_2O$、KCl-$H_2O$ 体系由于受 NaCl 和 KCl 的溶解度的限制，即使达到饱和浓度时它们的水活度仍然较高，因此 NaCl-$H_2O$、KCl-$H_2O$ 体系只适用于较高水活度数据时等压测定的参考标准。当使用等压法测定高浓度溶液体系（对应水活度低）数据时，等压参考的选择就需要其他的参考，比如 $CaCl_2$-$H_2O$、$H_2SO_4$-$H_2O$ 体系等。$H_2SO_4$-$H_2O$ 体系不仅能用于测定低浓度（高水活度）的等压参考标准，还可用做测定高浓度（低水活度）的参考标准。$H_2SO_4$-$H_2O$ 体系既具有 NaCl-$H_2O$ 和 KCl-$H_2O$ 体系所具有的优点，而且使用活度范围更广，可在 $0 < a_s < 1$ 之间调节，是目前使用最多的等压参考标准。但是由于 $H_2SO_4$-$H_2O$ 具有强氧化性、强酸性及强腐蚀性，对一般金属材质制作的等压杯具有明显的腐蚀作用，导致实验数据的准确性受到很大影响，因此在选择用 $H_2SO_4$-$H_2O$ 体系作为等压参考体系标准时，抗腐蚀性能力优秀的等压杯是必不可少的，比如纯金杯、纯铂杯等，本书中选择 $H_2SO_4$-$H_2O$ 作为等压参考体系时使用纯铂杯盛放等压参考溶液，并且保证取样体积在要求范围以内，避免在搅拌过程有溶液溅出腐蚀等压设备。$CaCl_2$-$H_2O$ 体系也能很适用于低水活度水盐体系的测定，它能形成较稳定的过饱和溶液，可用于等压参考标准其浓度可达 $10 \sim 11$ mol/kg，水活度可以低至 0.2，且使用温度较高，各温度下对等压杯的腐蚀性优于 $H_2SO_4$。由于 $CaCl_2$-$H_2O$ 体系溶液的水活度数据都是通过 NaCl-$H_2O$、KCl-$H_2O$、$H_2SO_4$-$H_2O$ 作为等压参考，用等压法测得的。鉴于此，$CaCl_2$ 被称作二级参考。另外也有研究者使用 LiCl-$H_2O$、LiBr-$H_2O$、Mg($ClO_4$)$_2$-$H_2O$ 等作等压参考体系，可以成为"三级"参考标准。在 NaCl-$H_2O$、KCl-$H_2O$、$H_2SO_4$-$H_2O$、$CaCl_2$-$H_2O$ 四个等压参考标准体系中，NaCl-$H_2O$ 和 KCl-$H_2O$ 体系在 323.15 K 的水活度数据非常丰富且可靠，已被广大研究者进行了总结，$H_2SO_4$-$H_2O$ 体系作为等压参考在 323.15 K 可以用到 6 mol/kg，$CaCl_2$-$H_2O$ 体系在 323.15 ~ 523.15 K 的数据比较完整且使用浓度范围较宽，因此本实验 323.15 K 时选择 $CaCl_2$-$H_2O$ 作为等压参考标准体系，同时在低浓度分别选择 NaCl-$H_2O$ 或 KCl-$H_2O$ 作为比较。

### 2.2.3.2　等压参考溶液关系式

本书选取 $CaCl_2$-$H_2O$ 体系经过严正评估后准确的渗透系数作为实验的参考标准，$CaCl_2$-$H_2O$ 体系选择 Gruszkiewicz[4] 和 Zeng[5] 等人报道的从温度范围在 273.15 ~ 373.15 K 浓度范围从 0.1 mol/kg 到接近饱和的渗透系数数据；对于 $H_2SO_4$-$H_2O$ 体系选择 Clegg 和 Rard 等人[6] 报道的 273.15 ~ 328.15 K 的渗透系数数据；对于 NaCl-$H_2O$ 体系选择 Pitzer 等人[7] 报道的温度范围 273.15 ~ 573.15 K 的渗透系数数据；对于 KCl-$H_2O$ 体系选择 Pabalan 等人[8] 报道的温度范围 273.15 ~

523.15 K 的渗透系数数据，它们的浓度（$m$）与渗透系数度（$\phi$）的关系式由式（2-13）表达：

$$\phi^* = a + bm^{0.5} + cm^{-1} + dm^{1.5} + em^2 + fm^{2.5} + gm^3 + hm^{3.5} \qquad (2\text{-}13)$$

式中，$a$、$b$、$c$、$d$、$e$、$f$、$g$ 和 $h$ 为参考体系浓度与渗透系数关系式的经验拟合参数；$m$ 为溶液的浓度。

我们拟合获得的 $H_2SO_4$-$H_2O$、NaCl-$H_2O$ 和 KCl-$H_2O$ 体系在 298.15 K 时的它们的浓度与渗透系数关系式的经验拟合参数列于表 2-5，我们拟合获得的 $CaCl_2$-$H_2O$、NaCl-$H_2O$ 和 KCl-$H_2O$ 体系在 323.15 K 时的它们的浓度与渗透系数关系式的经验拟合参数列于表 2-6 中，在表 2-5 和表 2-6 中都给出了拟合的标准偏差。在开展每一批等压实验测定中，被选作为等压参考体系的水活度和与之达到平衡后的所有待测实验样品的水活度都相等。

**表 2-5　298.15 K 部分参考体系浓度与渗透系数关系式参数**

| 参数 | $H_2SO_4$[1]（0~18$m$） | NaCl[2]（0~6$m$） | KCl[3]（0~4$m$） |
|---|---|---|---|
| $a$ | 0.78187 | 0.99096 | 0.9919 |
| $b$ | −0.57942 | −0.3242 | −0.3063 |
| $c$ | 1.01116 | 0.58025 | 0.39194 |
| $d$ | −0.88097 | −0.57121 | −0.26619 |
| $e$ | 0.53082 | 0.39096 | 0.10199 |
| $f$ | −0.17134 | −0.15991 | −0.01514 |
| $g$ | 0.02704 | 0.03625 | 0 |
| $h$ | −0.00166 | −0.00343 | 0 |
| $\sigma$[4] | $1.1937 \times 10^{-3}$ | $5.1676 \times 10^{-5}$ | $4.7368 \times 10^{-6}$ |

[1] 根据参考文献［6］中的实验数据拟合而成。

[2] 根据参考文献［7］中的实验数据拟合而成。

[3] 根据参考文献［8］中的实验数据拟合而成。

[4] 标准偏差，$\sigma = \sqrt{\dfrac{1}{n}\sum_{i=1}^{n}\left[\phi(\text{实验值}) - \phi(\text{计算值})\right]^2}$。

**表 2-6　323.15 K 时部分参考体系浓度与渗透系数关系式参数**

| 参数 | $CaCl_2$[1]（0~3$m$） | $CaCl_2$[1]（3~6$m$） | $CaCl_2$[1]（6~13$m$） | NaCl[2]（0~6.3$m$） | KCl[3]（0~5.7$m$） |
|---|---|---|---|---|---|
| $a$ | 0.99348 | −1.03457 | −96.00309 | 0.99957 | 0.99826 |
| $b$ | −1.24824 | 3.21427 | 125.83548 | −0.39754 | −0.38440 |
| $c$ | 4.29766 | 0.47391 | −26.95976 | 0.77348 | 0.64329 |
| $d$ | −8.22391 | −4.57273 | −40.21559 | −0.81763 | −0.64251 |

| 参数 | CaCl$_2$[①] (0-3$m$) | CaCl$_2$[①] (3-6$m$) | CaCl$_2$[①] (6-13$m$) | NaCl[②] (0-6.3$m$) | KCl[③] (0-5.7$m$) |
|---|---|---|---|---|---|
| $e$ | 9.56916 | 4.53291 | 32.70079 | 0.57202 | 0.42478 |
| $f$ | −6.10046 | −2.03855 | −10.68154 | −0.23342 | −0.16678 |
| $g$ | 1.99931 | 0.46777 | 1.68491 | 0.05156 | 0.03547 |
| $h$ | −0.26311 | −0.04592 | −0.10591 | −0.00479 | −0.00318 |
| $\sigma$[④] | 8.6515×10$^{-6}$ | 6.0678×10$^{-6}$ | 1.8384×10$^{-4}$ | 5.9392×10$^{-4}$ | 6.7076×10$^{-5}$ |

① 参考文献 [4]、[5] 中的实验数据拟合而成。

② 由参考文献 [7] 中的实验数据拟合而成。

③ 由参考文献 [8] 中的实验数据拟合而成。

④ 标准偏差，$\sigma = \sqrt{\dfrac{1}{n}\sum\limits_{i=1}^{n} [a_w(实验值) - a_w(计算值)]^2}$。

### 2.2.4　等压实验方法验证

实验设备和方法已经设计好，但是能否成功地用于真实的等压实验中，还需要对等压实验操作方法的准确性及验证实验设备的可靠性进行验证。验证实验一般选择已有实验数据的体系来进行，这样才能确认实验精度和容易发现问题所在。本工作中选择 H$_2$SO$_4$-H$_2$O 体系作为等压参考体系测定了三个二元水盐体系 NaCl-H$_2$O、KCl-H$_2$O 和 LiCl-H$_2$O 在 298.15 K 下的水活度数据，并将测定的实验水活度数据与文献中报道的被大家认可的数据[7-9]进行了比较，等压测定实验结果和文献报道的数据列于表 2-7 中。

**表 2-7　298.15 K 下 NaCl-H$_2$O、KCl-H$_2$O 和 LiCl-H$_2$O 体系等压实验水活度**

| 序号 | $m_{H_2SO_4}$ | $a_w$[①] (H$_2$SO$_4$) | $m_{LiCl}$ | $a_w$[②] (LiCl) | $m_{NaCl}$ | $a_w$[③] (NaCl) | $m_{KCl}$ | $a_w$[④] (KCl) |
|---|---|---|---|---|---|---|---|---|
| 1 | 0.6162 | 0.9776 | 0.6469 | 0.9775 | 0.6805 | 0.9775 | 0.7018 | 0.9776 |
| 2 | 0.9108 | 0.9657 | 0.9612 | 0.9656 | 1.0326 | 0.9656 | 1.0778 | 0.9657 |
| 3 | 2.3055 | 0.8952 | 2.5343 | 0.8949 | 2.9493 | 0.8951 | 3.2625 | 0.8951 |
| 4 | 2.6259 | 0.8756 | 2.9125 | 0.8750 | 3.4316 | 0.8756 | 3.8427 | 0.8755 |
| 5 | 3.9999 | 0.7802 | 4.5309 | 0.7789 | 5.6001 | 0.7790 | | |
| 6 | 5.7301 | 0.6469 | 6.4773 | 0.6463 | | | | |
| 7 | 6.6839 | 0.5743 | 7.5109 | 0.5738 | | | | |
| 8 | 7.8496 | 0.4911 | 8.7313 | 0.4909 | | | | |
| 9 | 8.6396 | 0.4394 | 9.6047 | 0.4354 | | | | |

| 序号 | $m_{H_2SO_4}$ | $a_w$[1]$(H_2SO_4)$ | $m_{LiCl}$ | $a_w$[2]$(LiCl)$ | $m_{NaCl}$ | $a_w$[3]$(NaCl)$ | $m_{KCl}$ | $a_w$[4]$(KCl)$ |
|---|---|---|---|---|---|---|---|---|
| 10 | 10.3371 | 0.3430 | 11.3300 | 0.3394 | | | | |
| $\sigma$[5] | | | | 0.0018 | | 0.0005 | | 0.0001 |

① 根据文献报道的实验数据[6]和式 (2-14) 计算得到。

② 根据文献报道的实验数据[9]和式 (2-14) 计算得到。

③ 根据文献报道的实验数据[7]和式 (2-14) 计算得到。

④ 根据文献报道的实验数据[8]和式 (2-14) 计算得到。

⑤ $\sigma = \sqrt{\dfrac{1}{n}\sum_{i=1}^{n}\left[a_w(H_2SO_4) - a_w(MCl)\right]^2}$, (M=Li, Na, K)。

为了便于比较，根据表 2-7 中实验测定的 298.15 K 下三个二元水盐体系 LiCl-$H_2O$、NaCl-$H_2O$ 和 KCl-$H_2O$ 的水活度数据，我们将这些数据与文献报道的数据绘制在了同一个图中，如图 2-2 所示。水活度与渗透系数间的关系可以用式 (2-14) 来表示：

$$\ln a_w = -\frac{v \cdot M_w \cdot m \cdot \phi}{1000} \tag{2-14}$$

式中，$a_w$ 为参考溶液的水活度数值；$v$ 为参考溶液中各溶质分子所含的离子数，对于 $CaCl_2$-$H_2O$ 和 $H_2SO_4$-$H_2O$ 来说，$v = 3$，对于 LiCl-$H_2O$、NaCl-$H_2O$、KCl-$H_2O$ 来说，$v = 2$；$m$ 为参考溶液达到平衡时的浓度，mol/kg；$M_w$ 代表水的摩尔分子质量，$M_w = 18.0153$ g/mol；$\phi$ 为作为等压参考溶液的渗透系数。

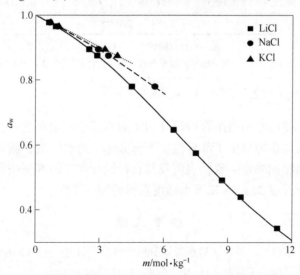

图 2-2　MCl-$H_2O$ (M = Li, Na, K)体系 298.15 K 下水活度实验值与计算值对比图

　　由表 2-7 和图 2-2 可以看出，在温度 298.15 K 时，使用我们设计研制的等压法测定水活度装置测定的水活度数据与国内外相类似设备测定的数据相比是可靠的，此设备完全可以应用于等压实验。根据前面总结的操作方法和要领开展等压实验所获得的实验结果与权威文献中报道的数据非常吻合，说明我们的操作方法和步骤是可行的。

　　为了进一步验证在试验温度下等压实验操作方法的准确性及验证实验设备的可靠性，我们又选择 $CaCl_2$-$H_2O$ 体系作为等压参考标准测定了 NaCl-$H_2O$ 体系在 323.15 K 下的水活度数据，并与文献中报道的比较权威的数据[7]进行比较，结果列于表 2-8 中。由表 2-8 中的数据可以看出，不仅在 298.15 K，在高温下 323.15 K 时，利用我们设计研制的等压法测定水活度装置仍然是可靠的，操作方法和步骤以及数据校正方法都是非常可行的。

**表 2-8　323.15 K 下参考体系 $CaCl_2$-$H_2O$ 和 NaCl-$H_2O$ 水活度和渗透系数比较**

| $m_{CaCl_2}$ | $\phi_{CaCl_2}$[①] | $a_w$[②]（$CaCl_2$） | $m_{NaCl}$ | $\phi_{NaCl}$[①] | $a_w$[②]（NaCl） | $\Delta a_w$ |
|---|---|---|---|---|---|---|
| 0.7565 | 0.9623 | 0.9614 | 1.1489 | 0.9504 | 0.9614 | 0 |
| 1.0496 | 1.0379 | 0.9428 | 1.6759 | 0.9788 | 0.9426 | 0.0002 |
| 1.3589 | 1.1256 | 0.9207 | 2.2719 | 1.0144 | 0.9203 | 0.0004 |
| 1.5166 | 1.1734 | 0.9083 | 2.5904 | 1.0344 | 0.9080 | 0.0003 |
| 1.8665 | 1.2858 | 0.8783 | 3.3441 | 1.0837 | 0.8777 | 0.0006 |
| 2.4897 | 1.5033 | 0.8169 | 4.7830 | 1.1823 | 0.8160 | 0.0009 |
| 2.9296 | 0.9623 | 0.7683 | 5.8576 | 1.2575 | 0.7677 | 0.0006 |
| $\sigma$[③] | 0.0005 | | | | | |

① 根据文献 [4]、[5]、[7] 报道的实验数据和式 (2-13) 计算得到。

② 根据文献 [4]、[5]、[7] 报道的实验数据和式 (2-14) 计算得到；$\Delta a_w = a_w(CaCl_2) - a_w(NaCl)$。

③ 标准偏差 $\sigma = \sqrt{\dfrac{1}{n}\sum_{i=1}^{n}[a_w(CaCl_2) - a_w(NaCl)]^2}$。

　　综上所述，使用本项目组自行设计加工的等压法测定水活度装置，按照我们总结的操作方法与步骤测定了部分温度下部分体系的水活度，测定的实验结果与公认的权威数据相比非常一致，表明我们自行设计加工的等压法测定水活度装置是完全可以用于开展 323.15 K 下水活度数据的测定工作。

## 参 考 文 献

[1] 姚燕，孙柏，宋彭生，等. 含锂水盐体系热力学性质研究——LiCl-$MgCl_2$-$H_2O$ 体系渗透系数和活度系数的等压测定 [J]. 化学学报，1992，50：839-848.

[2] KOLTHOFF M, SANDELL E B, MEEHAN E J. Quantitative Chemical Analysis [M]. New York, 1969.

[3] ZDANOVSKII, A B. Trudy solyanoi laboratorii (Transactions of the Salt Laboratory) [J]. Akad. Nauk SSSR, 1936: 6.

[4] GRUSZKIEWICZ M S, SIMONSON J M. Vapor pressures and isopiestic molalities of concentrated $CaCl_2$ (aq), $CaBr_2$ (aq), and NaCl (aq) to $T = 523$ K [J]. J. Chem. Thermodyn. , 2005, 37: 906-930.

[5] ZENG D W, ZHOU H Y, VOIGT W. Thermodynamic consistency of the solubility and vapor pressure of a binary saturated salt + water system. II. $CaCl_2 + H_2O$ [J]. Fluid Phase Equilibr. , 2007, 253: 1-11.

[6] CLEGG S L, RARD J A, PITZER K S. Thermodynamic properties of $0 \sim 6$ mol/kg aqueous sulfuric acid from 273. 15 K to 328. 15 K [J]. J. Chem. Soc. Faraday Trans. , 1994, 90: 1875-1894.

[7] PITZER K S, CHRISTOPHER P J, BUSEY R H. Thermodynamic properties of aqueous sodium chloride solutions [J]. J. Phys. Chem. Ref. Data, 1984, 13: 1-102.

[8] PABALAN R T, PITZER K S. Thermodynamics of concentrated electrolyte mixtures and the prediction of mineral solubilities to high temperatures for mixtures in the system Na-K-Mg-Cl-$SO_4$-OH-$H_2O$ [J]. Geochim. Cosmochim. Acta, 1987, 51 (9): 2429-2443.

[9] GIBBARD H F, SCATCHARD G. Liquid-vapor equilibrium of aqueous lithium chloride, from 25 to 100 ℃ and from 1. 0 to 18. 5 molality, and related properties [J]. J. Chem. Eng. Data, 1973, 18 (3): 293-298.

# 3 三元体系 Na(K)Cl-MgCl₂-H₂O 热力学性质的等压测定和模型研究

## 3.1 概　述

关于三元体系 NaCl-MgCl₂-H₂O 的活度系数和水活度等相关数据的报道已经很多。早在 1967 年，Butler 和 Huston 等人[1]就报道了用电动势法测定了 298.15 K 下三元体系 NaCl-MgCl₂-H₂O 的活度系数，计算了混合电解质溶液中 NaCl 的活度系数，实验测定的离子强度 0.2~6 mol/kg。1973 年，Christenson[2]用钠离子选择电极测定了 298.15 K 时三元体系 NaCl-MgCl₂-H₂O 的活度系数。1989 年，Rao 和 Ananthaswamy 等人[3]采用电动势法测定了多个温度下三元体系 NaCl-MgCl₂-H₂O 的活度系数。1991 年，Tishchenko 等人[4]采用电动势法测定了 298.15 K 时三元体系 NaCl-MgCl₂-H₂O 的活度系数。1997 年，Hernandez-Luis 等人[5]采用电动势法测定了 288.15 K、298.15 K、308.15 K 和 318.15 K 时三元混合体系 NaCl-MgCl₂-H₂O 中 NaCl 的平均活度系数。Chan 等人[6]用电动态平衡法（Electtodynamic balance）测定了 298.15 K 时三元体系 NaCl-MgCl₂-H₂O 的水活度。Platford[7]，Wu、Rush 和 Scatchard[8]最早在 1968 年就分别用等压法测定了三元体系 NaCl-MgCl₂-H₂O 在 298.15 K 下的渗透系数和活度系数。后来 Rard 和 Miller[9]用等压法测定的 NaCl-MgCl₂-H₂O 体系在 298.15 K 下的渗透系数和活度系数。1974 年，Gibbard 等人[10]用测湿法测定了三元体系 NaCl-MgCl₂-H₂O 在 298.15 K 的水活度。Dinane 和 Mounir[11]在 2003 年用测湿法测定了三元体系 NaCl-MgCl₂-H₂O 在 298.15 K 的水活度。Guendouzi、Azougen 和 Benbiyi[12]在 2005 年用测湿法测定三元体系 NaCl-MgCl₂-H₂O 的水活度。

关于三元体系 KCl-MgCl₂-H₂O 的组分活度的研究报道有很多。早在 1945 年 Robinson 和 Stokes[13]报道了该体系在 298.15 K 下的等压比。1966 年，Kirginstev 等人[14]用等压法测定了该体系 298.15 K 下的渗透系数和活度系数。1971 年 Christenson 等人[15]用电动势法测定了 KCl-MgCl₂-H₂O 体系 298.15 K 下的活度系数。1977 年 Padova 等人[16]用等压法测定了该体系 298.15 K 下的渗透系数和活度系数。1985 年 Kuschel 等人[17]用等压法测定了该体系 298.15 K 下的渗透系数和活度系数。2007 年 Miladinovic 等人[18]用等压法测定了该体系 298.15 K 下的渗透系数和活度系数。2009 年 Ghalami-Choobar 等人[19]用电动势法测定了该体系 298.15 K 下的渗透系数和活度系数。由上可知，Na(K)Cl-MgCl$_2$-H$_2$O 体系 298.15 K 下的水活度性质已经被众多研究者进行了报道，但是，对于高于 298.15 K 时 Na(K)Cl-MgCl$_2$-H$_2$O 体系的水活度数据报道却严重缺乏。

关于三元体系 NaCl-MgCl$_2$-H$_2$O 和 KCl-MgCl$_2$-H$_2$O 在不同温度下的溶解度的研究情况总结如下。关于三元体系 NaCl-MgCl$_2$-H$_2$O 在不同温度下的相平衡的研究，文献已有大量报道，从低温 243.15 K 到高温 573.15 K 的溶解度数据均有报道。仅在 323.15 K 的溶解度就有 6 套不同的溶解度数据被报道。最早 Leimbach 和 Pfeiffenberg[20]在 1929 年报道了该体系的 NaCl 和 MgCl$_2$·6H$_2$O 的共饱点数据。1930 年，Sieverts 和 Muller[21]也报道了此体系 NaCl-MgCl$_2$-H$_2$O 的共饱点数据。接下来的 1932 年，Kurnakov 和 Osokoreva[22]报道了该体系的共饱点及 NaCl 和 MgCl$_2$ 的溶解度三组数据。1969 年，Majima 和 Tejima 等人[23]报道了该三元体系从 NaCl 相区到 MgCl$_2$·6H$_2$O 相区包含共饱点在内的一共 14 组数据。后来，Zdanovskii 等人[24]在编著的《溶解度数据手册》中给出了三元体系 NaCl-MgCl$_2$-H$_2$O 溶解度的最优值。2013 年，Yang 等人[25]也报道了此三元体系的溶解度数据，共有 16 组数据。

针对 323.15 K 三元体系 KCl-MgCl$_2$-H$_2$O 的溶解度的研究，也发现至少有 5 套溶解度数据被报道。Precht 和 Wittjen[26]于 1881 年报道了三元体系 KCl-MgCl$_2$-H$_2$O 仅仅在 KCl 相区的 4 组数据，没有涉及 MgCl$_2$·6H$_2$O 相区及复盐 KCl·MgCl$_2$·6H$_2$O 相区和共饱点。1913 年，Uhlig 等人[27]报道了该三元体系的两个共饱点 (KCl + KCl·MgCl$_2$·6H$_2$O) 和 (MgCl$_2$ + KCl·MgCl$_2$·6H$_2$O) 的组成，但是仅仅是两组共饱点数据，没有研究单盐结晶相区。1932 年，Kurnakov 和 Osokoreva[28]也报道了该三元体系两个共饱点 (KCl + KCl·MgCl$_2$·6H$_2$O) 和 (MgCl$_2$·6H$_2$O + KCl·MgCl$_2$·6H$_2$O) 的组成，同样没有对单盐结晶相区进行研究。至此仍无一人报道该体系 323.15 K 完整的溶解度数据。直到以后 Zdanovskii 等人[29]在编著的《溶解度手册》中直接给出了推荐的该三元体系的完整的溶解度数据最优值。之后 2012 年，Yang 等人[30]报道了该三元体系比较完整的一套溶解度数据，共有 17 组数据，2 个共饱点，三个结晶固相分别是 KCl、KCl·MgCl$_2$·6H$_2$O 和 MgCl$_2$·6H$_2$O。

但是经过研究比较分析，上述这些体系相同温度下的不同研究者之间报道溶解度数据之间还存在很大的不同，这种不同有的已经不能简单地归结于分析条件及分析方法的区别带来的。本书使用本课题组自行设计制作的水盐体系高温水活度性质的测试系统对 Na(K)Cl-MgCl$_2$-H$_2$O 体系 323.15 K 下的水活度进行实验测定，并通过热力学模型进行模拟计算溶解度相图，评估文献报道的溶解度数据的准确性。

## 3.2 三元体系 Na(K)Cl-MgCl$_2$-H$_2$O 热力学性质的等压研究

测定体系 Na(K)Cl-MgCl$_2$-H$_2$O 热力学性质的等压实验仪器和设备，所用到的试剂和溶液，混合储备液的配制方法，以及等压实验的方法和步骤与第 2 章中描述的相同，此处不再赘述。

### 3.2.1 NaCl-MgCl$_2$-H$_2$O 体系等压研究

使用前述经过检验合格的等压实验设备按照操作方法精细测定了 323.15 K 下三元体系 NaCl-MgCl$_2$-H$_2$O 的水活度数据。等压法测定的 323.15 K 时三元体系 NaCl-MgCl$_2$-H$_2$O 的水活度结果列于表 3-1 中。表 3-1 中的每一大行都代表一批等压平衡实验，编号表示的是第几批等压实验数据，最上面的那一行（有的是两行表示使用了两个等压参考）表示选为等压参考溶液的浓度，以及对应的水活度数据，而紧接着的这几行分别表示三元混合体系中 NaCl、MgCl$_2$ 的摩尔浓度。图 3-1 所示为根据表 3-1 中测定的 19 组等压实验数据绘制的三元体系 NaCl-MgCl$_2$-H$_2$O 的等压实验点和等水活度线图。

表 3-1　323.15 K 下等压法测定三元体系 NaCl-MgCl$_2$-H$_2$O 水活度数据实验结果[①]

| 编号 | $m_{NaCl}$/mol · kg$^{-1}$ | $m_{MgCl_2}$/mol · kg$^{-1}$ | 编号 | $m_{NaCl}$/mol · kg$^{-1}$ | $m_{MgCl_2}$/mol · kg$^{-1}$ |
|---|---|---|---|---|---|
| 1 | $m_{CaCl_2} = 0.7565$ | $a_w = 0.9617$ | 2 | 0.6328 | 0.6270 |
| | $m_{NaCl} = 1.1488$ | $a_w = 0.9614$ | | 0.9794 | 0.4216 |
| | 0 | 0.7320 | | 1.4131 | 0.1587 |
| | 0.0774 | 0.6868 | | 1.6759 | 0 |
| | 0.2463 | 0.5745 | | $m_{CaCl_2} = 1.3589$ | $a_w = 0.9199$ |
| | 0.4492 | 0.4451 | | $m_{NaCl} = 2.2719$ | $a_w = 0.9203$ |
| | 0.6864 | 0.2955 | | 0 | 1.2947 |
| | 0.9762 | 0.1096 | | 0.1371 | 1.2168 |
| | 1.1488 | 0 | 3 | 0.4462 | 1.0400 |
| 2 | $m_{CaCl_2} = 1.0496$ | $a_w = 0.9428$ | | 0.8302 | 0.8227 |
| | $m_{NaCl} = 1.6759$ | $a_w = 0.9426$ | | 1.2932 | 0.5567 |
| | 0 | 1.0099 | | 1.8949 | 0.2127 |
| | 0.1066 | 0.9467 | | 2.2719 | 0 |
| | 0.3440 | 0.8018 | 4 | $m_{CaCl_2} = 1.5166$ | $a_w = 0.9072$ |

| 编号 | $m_{NaCl}$/mol·kg$^{-1}$ | $m_{MgCl_2}$/mol·kg$^{-1}$ | 编号 | $m_{NaCl}$/mol·kg$^{-1}$ | $m_{MgCl_2}$/mol·kg$^{-1}$ |
|---|---|---|---|---|---|
| 4 | $m_{NaCl}$=2.5904 | $a_w$=0.9080 | 7 | 3.0378 | 1.3077 |
|  | 0 | 1.4437 |  | 4.7096 | 0.5288 |
|  | 0.1530 | 1.3583 |  | 5.8576 | 0 |
|  | 0.4990 | 1.1632 | 8 | $m_{CaCl_2}$=3.2115 | $a_w$=0.7353 |
|  | 0.9296 | 0.9211 |  | 0 | 2.9896 |
|  | 1.4630 | 0.6298 |  | 0.3192 | 2.8332 |
|  | 2.1557 | 0.2420 |  | 1.0684 | 2.4905 |
|  | 2.5904 | 0 |  | 2.0570 | 2.0383 |
| 5 | $m_{CaCl_2}$=1.8665 | $a_w$=0.8768 |  | 3.3594 | 1.4462 |
|  | $m_{NaCl}$=3.3441 | $a_w$=0.8776 | 9 | $m_{CaCl_2}$=3.6289 | $a_w$=0.6856 |
|  | 0 | 1.7665 |  | 0 | 3.3562 |
|  | 0.1877 | 1.6665 |  | 0.3598 | 3.1935 |
|  | 0.6169 | 1.4381 |  | 1.2092 | 2.8186 |
|  | 1.1616 | 1.1511 | 10 | $m_{CaCl_2}$=3.7693 | $a_w$=0.6686 |
|  | 1.8391 | 0.7917 |  | 0 | 3.4809 |
|  | 2.7524 | 0.3090 |  | 0.3732 | 3.3126 |
|  | 3.3441 | 0 |  | 1.2564 | 2.9286 |
| 6 | $m_{CaCl_2}$=2.4896 | $a_w$=0.8158 | 11 | $m_{CaCl_2}$=4.2021 | $a_w$=0.6161 |
|  | $m_{NaCl}$=4.7830 | $a_w$=0.8160 |  | 0 | 3.8569 |
|  | 0 | 2.3360 |  | 0.4141 | 3.6761 |
|  | 0.2493 | 2.2134 | 12 | $m_{CaCl_2}$=4.7530 | $a_w$=0.5509 |
|  | 0.8271 | 1.9280 |  | 0 | 4.3218 |
|  | 1.5758 | 1.5614 |  | 0.4651 | 4.1290 |
|  | 2.5344 | 1.0911 | 13 | $m_{CaCl_2}$=4.8274 | $a_w$=0.5424 |
|  | 3.8776 | 0.4353 |  | 0 | 4.3759 |
|  | 4.7830 | 0 |  | 0.1135 | 4.3185 |
| 7 | $m_{CaCl_2}$=2.9295 | $a_w$=0.7678 |  | 0.2235 | 4.2662 |
|  | $m_{NaCl}$=5.8576 | $a_w$=0.7677 |  | 0.4687 | 4.1604 |
|  | 0 | 2.7353 | 14 | $m_{CaCl_2}$=5.0111 | $a_w$=0.5218 |
|  | 0.2925 | 2.5964 |  | 0 | 4.5229 |
|  | 0.9753 | 2.2733 |  | 0.1173 | 4.4640 |
|  | 1.8713 | 1.8543 |  | 0.2311 | 4.4103 |

| 编号 | $m_{NaCl}$/mol·kg$^{-1}$ | $m_{MgCl_2}$/mol·kg$^{-1}$ | 编号 | $m_{NaCl}$/mol·kg$^{-1}$ | $m_{MgCl_2}$/mol·kg$^{-1}$ |
|---|---|---|---|---|---|
| 15 | $m_{CaCl_2}$ = 5.3996 | $a_w$ = 0.4805 | 17 | 0.1406 | 5.3524 |
| | 0 | 4.8199 | | 0.2791 | 5.3260 |
| | 0.1250 | 4.7583 | 18 | $m_{CaCl_2}$ = 6.7332 | $a_w$ = 0.3672 |
| | 0.2464 | 4.7032 | | 0 | 5.6771 |
| 16 | $m_{CaCl_2}$ = 5.9056 | $a_w$ = 0.4326 | | 0.1475 | 5.6126 |
| | 0 | 5.1763 | | 0.2935 | 5.6010 |
| | 0.1344 | 5.1133 | 19 | $m_{CaCl_2}$ = 7.1080 | $a_w$ = 0.3423 |
| | 0.2655 | 5.0669 | | 0 | 5.8771 |
| 17 | $m_{CaCl_2}$ = 6.2831 | $a_w$ = 0.4009 | | 0.1530 | 5.8213 |
| | 0 | 5.4168 | | 0.3044 | 5.8090 |

① 根据 CaCl$_2$-H$_2$O 的参考文献 [31]、[32] 和 NaCl-H$_2$O 的参考文献 [33] 计算得到的 $a_w$ 数据。

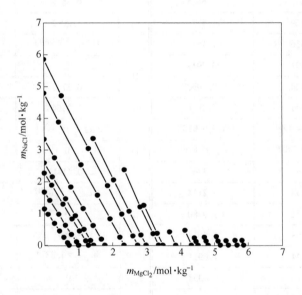

图 3-1　323.15 K 时三元体系 NaCl-MgCl$_2$-H$_2$O 的等压实验点和等水活度图

　　在每一批次等压平衡实验中，所有溶液的水活度都是相等的，选择 CaCl$_2$-H$_2$O 体系作为等压参考体系标准，在低浓度的情况下同时选用 NaCl-H$_2$O 作为等压参考标准。在每一批等压实验时，所有实验溶液和选作为参考体系的样品在取样时采取至少 2 个样品作为平行样，表 3-1 中给出的溶液的摩尔浓度取自上述平行样计算后的平均结果。

　　由图 3-1 可知，三元体系 NaCl-MgCl$_2$-H$_2$O 中所有的等压组成点连线在低浓度到中等浓度条件下几乎都是直线,并且遵守 Zdanovskii 规则,说明该体系中没有明显的离子间缔合作用。

### 3.2.2 KCl-MgCl$_2$-H$_2$O 体系等压研究

使用前述经过检验合格的等压实验设备精细测定了 323.15 K 下三元体系 KCl-MgCl$_2$-H$_2$O 的水活度数据。等压法测定的 323.15 K 时三元体系 KCl-MgCl$_2$-H$_2$O 的水活度结果分别列于表 3-2 中。表 3-2 中的每一大行都代表一批等压平衡实验,编号表示的是第几批等压实验数据,最上面的那一行(有的是两行表示使用了两个等压参考)表示选为等压参考溶液的浓度,以及对应的水活度数据,而紧接着的这几行分别表示三元混合体系中 KCl、MgCl$_2$ 的摩尔浓度。图 3-2 所示为根据表 3-2 中测定的 17 组等压实验数据绘制的三元体系 KCl-MgCl$_2$-H$_2$O 的等压实验点和等水活度线图。

表 3-2　323.15 K 下三元体系 KCl-MgCl$_2$-H$_2$O 水活度数据实验结果[①]

| 编号 | $m_{KCl}/mol \cdot kg^{-1}$ | $m_{MgCl_2}/mol \cdot kg^{-1}$ | 编号 | $m_{KCl}/mol \cdot kg^{-1}$ | $m_{MgCl_2}/mol \cdot kg^{-1}$ |
|---|---|---|---|---|---|
| 1 | $m_{CaCl_2}=0.8396$ | $a_w=0.9564$ | 3 | $m_{CaCl_2}=0.9631$ | $a_w=0.9486$ |
| | $m_{KCl}=1.3574$ | $a_w=0.9564$ | | $m_{KCl}=1.6003$ | $a_w=0.9485$ |
| | 0 | 0.8108 | | 0 | 0.9269 |
| | 0.0742 | 0.7683 | | 0.0850 | 0.8802 |
| | 0.2677 | 0.6569 | | 0.3090 | 0.7582 |
| | 0.5276 | 0.5044 | | 0.6114 | 0.5845 |
| | 0.8150 | 0.3337 | | 0.9494 | 0.3888 |
| | 1.1657 | 0.1247 | | 1.3592 | 0.1454 |
| | 1.3574 | 0 | | 1.6003 | 0 |
| 2 | $m_{CaCl_2}=0.8683$ | $a_w=0.9546$ | 4 | $m_{CaCl_2}=1.7148$ | $a_w=0.8915$ |
| | $m_{KCl}=1.4127$ | $a_w=0.9546$ | | $m_{KCl}=3.3148$ | $a_w=0.8911$ |
| | 0 | 0.8374 | | 0 | 1.6259 |
| | 0.0767 | 0.7944 | | 0.1504 | 1.5583 |
| | 0.2772 | 0.6802 | | 0.5597 | 1.3734 |
| | 0.5471 | 0.5231 | | 1.1449 | 1.0946 |
| | 0.8457 | 0.3463 | | 1.8436 | 0.7550 |
| | 1.2035 | 0.1287 | | 2.7540 | 0.2945 |
| | 1.4127 | 0 | | 3.3148 | 0 |

| 编号 | $m_{KCl}$/mol·kg$^{-1}$ | $m_{MgCl_2}$/mol·kg$^{-1}$ | 编号 | $m_{KCl}$/mol·kg$^{-1}$ | $m_{MgCl_2}$/mol·kg$^{-1}$ |
|---|---|---|---|---|---|
| 5 | $m_{CaCl_2}$ = 1.8318 | $a_w$ = 0.8812 | 8 | 1.9136 | 1.8295 |
|  | $m_{KCl}$ = 3.6152 | $a_w$ = 0.8808 |  | 3.2098 | 1.3144 |
|  | 0 | 1.7329 | 9 | $m_{CaCl_2}$ = 3.9291 | $a_w$ = 0.6492 |
|  | 0.1605 | 1.6636 |  | 0 | 3.6234 |
|  | 0.5992 | 1.4702 |  | 0.3401 | 3.5239 |
|  | 1.2309 | 1.1769 | 10 | $m_{CaCl_2}$ = 4.6782 | $a_w$ = 0.5602 |
|  | 1.9913 | 0.8155 |  | 0 | 4.2647 |
|  | 2.9914 | 0.3199 |  | 0.4029 | 4.1751 |
|  | 3.6152 | 0 | 11 | $m_{CaCl_2}$ = 4.8274 | $a_w$ = 0.5431 |
| 6 | $m_{CaCl_2}$ = 2.1682 | $a_w$ = 0.8494 |  | 0 | 3.3760 |
|  | $m_{KCl}$ = 4.5316 | $a_w$ = 0.8493 |  | 0.1101 | 4.3432 |
|  | 0 | 2.0398 |  | 0.2282 | 4.3095 |
|  | 0.1894 | 1.9626 |  | 0.4127 | 4.2759 |
|  | 0.7113 | 1.7453 | 12 | $m_{CaCl_2}$ = 5.0111 | $a_w$ = 0.5226 |
|  | 1.4791 | 1.4141 |  | 0 | 4.5229 |
|  | 2.4284 | 0.9945 |  | 0.1138 | 4.4897 |
|  | 3.7089 | 0.3967 | 13 | $m_{CaCl_2}$ = 5.3996 | $a_w$ = 0.4814 |
|  | 4.5316 | 0 |  | 0 | 4.8199 |
| 7 | $m_{CaCl_2}$ = 2.3399 | $a_w$ = 0.8322 |  | 0.1213 | 4.7863 |
|  | $m_{KCl}$ = 5.0299 | $a_w$ = 0.8322 |  | 0.2518 | 4.7548 |
|  | 0 | 2.1962 | 14 | $m_{CaCl_2}$ = 5.9056 | $a_w$ = 0.4326 |
|  | 0.2042 | 2.1161 |  | 0 | 5.1763 |
|  | 0.7698 | 1.8888 |  | 0.1303 | 5.1436 |
|  | 1.6097 | 1.5390 | 15 | $m_{CaCl_2}$ = 6.2831 | $a_w$ = 0.4003 |
|  | 2.6602 | 1.0894 |  | 0 | 5.4168 |
|  | 4.0967 | 0.4381 |  | 0.1365 | 5.3875 |
|  | 5.0299 | 0 | 16 | $m_{CaCl_2}$ = 6.7332 | $a_w$ = 0.3666 |
| 8 | $m_{CaCl_2}$ = 2.7319 | $a_w$ = 0.7903 |  | 0 | 5.6771 |
|  | 0 | 2.5519 |  | 0.1438 | 5.6765 |
|  | 0.2380 | 2.4662 | 17 | $m_{CaCl_2}$ = 7.1080 | $a_w$ = 0.3425 |
|  | 0.9047 | 2.2198 |  | 0 | 5.8771 |

① 根据 CaCl$_2$-H$_2$O 的参考文献 [31]、[32] 和 KCl-H$_2$O 的参考文献 [34] 计算得到的 $a_w$ 数据。

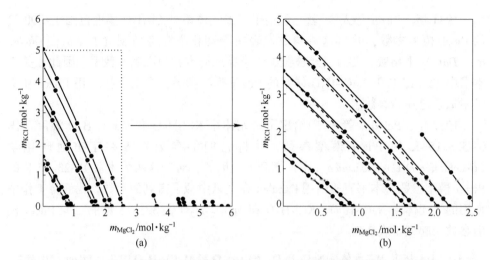

图 3-2　323.15 K 时三元体系 KCl-MgCl₂-H₂O 等压实验点和等水活度图

（实线为等水活度线，虚线为 Zdanovskii 规则线）

在每一批次等压平衡实验中，所有溶液的水活度都是相等的，选择 CaCl₂-H₂O 体系作为等压参考体系标准，在低浓度情况下同时选用 KCl-H₂O 作为等压参考标准。在每一批等压实验时，所有实验溶液和选作为参考体系的样品在取样时采取至少 2 个样品作为平行样，表 3-2 中给出的溶液的摩尔浓度取自上述平行样计算后的平均结果。

由图 3-2 可知，三元体系 KCl-MgCl₂-H₂O 中所有的等压组成点连线并不是直线，轻微但是明显地偏离于 Zdanovskii 规则，说明该体系中存在一定的离子缔合作用。比较图 3-1 和图 3-2，说明三元体系 KCl-MgCl₂-H₂O 中 KCl 与 MgCl₂ 的相互作用比三元体系 NaCl-MgCl₂-H₂O 中 NaCl 与 MgCl₂ 的相互作用要强。

## 3.3　Na(K)Cl-MgCl₂-H₂O 体系热力学模型研究

本书中涉及的 NaCl-H₂O、KCl-H₂O 和 MgCl₂-H₂O 体系在 298.15～373.15 K 的离子强度不是很高，并且 1987 年，Pabalan 等人[34]在文献中报道过运用 Pitzer 模型计算了含有 MgCl₂-H₂O 体系的多温多组分溶解度相图。因此，本书也采用计算公式相对简单、参数较少的 Pitzer 模型作为模拟预测计算三元体系 NaCl-MgCl₂-H₂O 和 KCl-MgCl₂-H₂O 的溶解度相图的模型。

### 3.3.1　Pitzer 模型二元参数

首先对二元体系 NaCl-H₂O、KCl-H₂O 和 MgCl₂-H₂O 的二元 Pitzer 模型参数与温度（298.15～373.15 K）的关系进行关联。

1984 年，Pitzer 等人[33]就已经给出了二元体系 NaCl-H$_2$O 温度范围 0～300 ℃ 的 Pitzer 模型参数，并将这些参数发表在物理化学参考数据（*J. Phys. Chem. Ref. Data*）上出版，并且已经被美国国家标准局推荐为准确的数据。因此，关于本书中 323.15 K 下 NaCl-H$_2$O 体系的 Pitzer 模型参数，本书直接引用 Pitzer 在文献中拟合得到的参数。

1987 年，Pabalan 等人[34]给出了二元体系 KCl-H$_2$O 和 MgCl$_2$-H$_2$O 温度范围 0～523.15 K 的 Pitzer 模型参数，并将它们的参数发表在宇宙地球化学 (*Geochimica et Cosmochimica Acta*) 期刊上。因此，对于这两个体系在 323.15 K 的 Pitzer 模型参数，本书直接引用 Pabalan 在文献中拟合得到的参数。我们将工作中使用的二元体系 NaCl-H$_2$O、KCl-H$_2$O 和 MgCl$_2$-H$_2$O 在 323.15 K 的二元 Pitzer 模型参数一起列于表 3-3。

表 3-3　323.15 K 时二元体系 NaCl-H$_2$O、KCl-H$_2$O 和 MgCl$_2$-H$_2$O 的二元 Pitzer 模型参数

| 溶剂 | $\beta_{MX}^0$ | $\beta_{MX}^1$ | $\beta_{MX}^2$ | $C_{MX}^0$ | 来　源 |
|---|---|---|---|---|---|
| MgCl$_2$ | 0.33703 | 1.79758 | 0 | 0.00403 | 文献 [34] |
| NaCl | 0.0892 | 0.2967 | 0 | −0.0004 | 文献 [33] |
| KCl | 0.05935 | 0.24942 | 0 | −0.00200 | 文献 [34] |

利用表 3-3 中的二元 Pitzer 模型参数分别对二元体系 NaCl-H$_2$O、KCl-H$_2$O 和 MgCl$_2$-H$_2$O 在 323.15 K 时的水活度数据进行了回算，如图 3-3 中的实线所示，并与本工作测定的实验结果（图 3-3 中的符号）进行了比较，发现三个二元体系 NaCl-H$_2$O、KCl-H$_2$O 和 MgCl$_2$-H$_2$O 在 323.15 K 的水活度回算值与实验测定值吻合得都很好（见图 3-3）。上述结果证明此套二元 Pitzer 参数能成功的描述二元体系 NaCl-H$_2$O、KCl-H$_2$O 和 MgCl$_2$-H$_2$O 体系在 323.15 K 的水活度性质。

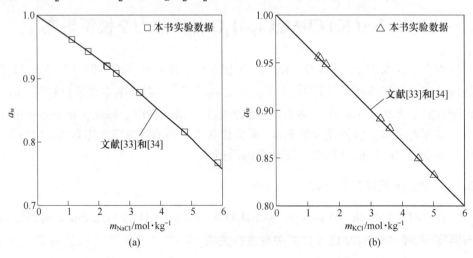

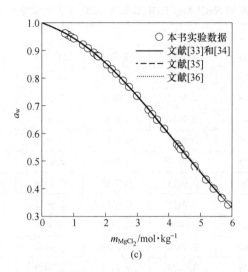

(c)

图 3-3 MCl-H$_2$O(M = Na, K)、MgCl$_2$-H$_2$O 体系 323.15 K 下水活度实验值与计算值对比图
(图中符号表示本书中的实验数据，线条表示文献中的数据)

### 3.3.2 三元体系 NaCl-MgCl$_2$-H$_2$O 混合参数及溶解度计算

首先，把三元体系 NaCl-MgCl$_2$-H$_2$O 的 Pitzer 模型三元混合参数全都设为零，即：$\theta_{Na,Mg} = \psi_{NaMgCl} = 0$，仅使用二元 Pitzer 模型参数（见表 3-3）预测三元体系 NaCl-MgCl$_2$-H$_2$O 在 323.15 K 水活度及溶解度，计算过程所有需要的溶解度参数列于表 3-4 中，这些溶解度参数是根据文献报道的溶解度使用 Pitzer 模型进行拟合获得的。仅用二元参数计算获得的三元体系 NaCl-MgCl$_2$-H$_2$O 在 323.15 K 时的水活度及其与本书等压实验测定的数据的偏差见表 3-5。从表中可以看出，仅用二元参数预测的三元体系 NaCl-MgCl$_2$-H$_2$O 的水活度，对于三元体系 NaCl-MgCl$_2$-H$_2$O 的标准偏差很小，只有 0.0019。

表 3-4 各种盐在 323.15 K 时的溶解度参数

| 物 质 | ln$K_{sp}^{\ominus}$ | 数据来源 |
|---|---|---|
| NaCl | 3.7367 | 本实验 |
| KCl | 2.5497 | 本实验 |
| MgCl$_2$ · 6H$_2$O | 9.8650 | 本实验 |
| KCl · MgCl$_2$ · 6H$_2$O | 10.0912 | 本实验 |

**表 3-5   Pitzer 模型计算的 NaCl-MgCl₂-H₂O 体系 323. 15 K 时的水活度及其与实验值的比较**

| $m_{NaCl}$ /mol · kg⁻¹ | $m_{MgCl_2}$ /mol · kg⁻¹ | $a_w$ | | | 偏　差 | |
|---|---|---|---|---|---|---|
| | | 实验值 | 计算值 1[①] | 计算值 2[②] | 偏差 1[③] | 偏差 2[④] |
| 0 | 0.7320 | 0.9617 | 0.9617 | 0.9617 | 0 | 0 |
| 0.0774 | 0.6868 | 0.9617 | 0.9615 | 0.9615 | 0.0002 | 0.0002 |
| 0.2463 | 0.5745 | 0.9617 | 0.9618 | 0.9617 | −0.0001 | 0 |
| 0.4492 | 0.4451 | 0.9617 | 0.9617 | 0.9616 | 0 | 0.0001 |
| 0.6864 | 0.2955 | 0.9617 | 0.9615 | 0.9614 | 0.0002 | 0.0003 |
| 0.9762 | 0.1096 | 0.9617 | 0.9615 | 0.9614 | 0.0002 | 0.0003 |
| 1.1488 | 0 | 0.9617 | 0.9615 | 0.9615 | 0.0002 | 0.0002 |
| 0 | 1.0099 | 0.9428 | 0.9430 | 0.9431 | −0.0002 | −0.0003 |
| 0.1066 | 0.9467 | 0.9428 | 0.9431 | 0.9431 | −0.0003 | −0.0003 |
| 0.3440 | 0.8018 | 0.9428 | 0.9432 | 0.9432 | −0.0004 | −0.0004 |
| 0.6328 | 0.6270 | 0.9428 | 0.9432 | 0.9431 | −0.0004 | −0.0003 |
| 0.9794 | 0.4216 | 0.9428 | 0.9428 | 0.9428 | 0 | 0 |
| 1.4131 | 0.1587 | 0.9428 | 0.9427 | 0.9427 | 0.0001 | 0.0001 |
| 1.6759 | 0 | 0.9428 | 0.9427 | 0.9427 | 0.0001 | 0.0001 |
| 0 | 1.2947 | 0.9199 | 0.9211 | 0.9211 | −0.0012 | −0.0012 |
| 0.1371 | 1.2168 | 0.9199 | 0.9212 | 0.9211 | −0.0013 | −0.0012 |
| 0.4462 | 1.0400 | 0.9199 | 0.9212 | 0.9211 | −0.0013 | −0.0012 |
| 0.8302 | 0.8227 | 0.9199 | 0.9210 | 0.9208 | −0.0011 | −0.0009 |
| 1.2932 | 0.5567 | 0.9199 | 0.9209 | 0.9208 | −0.0010 | −0.0009 |
| 1.8949 | 0.2127 | 0.9199 | 0.9207 | 0.9206 | −0.0008 | −0.0007 |
| 2.2719 | 0 | 0.9199 | 0.9204 | 0.9204 | −0.0005 | −0.0005 |
| 0 | 1.4437 | 0.9072 | 0.9085 | 0.9085 | −0.0013 | −0.0013 |
| 0.1530 | 1.3584 | 0.9072 | 0.9086 | 0.9085 | −0.0014 | −0.0013 |
| 0.4990 | 1.1632 | 0.9072 | 0.9088 | 0.9086 | −0.0016 | −0.0014 |
| 0.9296 | 0.9211 | 0.9072 | 0.9089 | 0.9087 | −0.0017 | −0.0015 |
| 1.4630 | 0.6298 | 0.9072 | 0.9083 | 0.9081 | −0.0011 | −0.0009 |
| 2.1557 | 0.2420 | 0.9072 | 0.9081 | 0.9081 | −0.0009 | −0.0009 |
| 2.5904 | 0 | 0.9072 | 0.9080 | 0.9080 | −0.0008 | −0.0008 |
| 0 | 1.7665 | 0.8768 | 0.8784 | 0.8784 | −0.0016 | −0.0016 |
| 0.1877 | 1.6665 | 0.8768 | 0.8785 | 0.8784 | −0.0017 | −0.0016 |
| 0.6169 | 1.4381 | 0.8768 | 0.8786 | 0.8784 | −0.0018 | −0.0016 |

| $m_{NaCl}$ /mol·kg$^{-1}$ | $m_{MgCl_2}$ /mol·kg$^{-1}$ | $a_w$ | | | 偏 差 | |
|---|---|---|---|---|---|---|
| | | 实验值 | 计算值 1[①] | 计算值 2[②] | 偏差 1[③] | 偏差 2[④] |
| 1.1616 | 1.1511 | 0.8768 | 0.8783 | 0.8781 | −0.0015 | −0.0013 |
| 1.8391 | 0.7917 | 0.8768 | 0.8782 | 0.8780 | −0.0014 | −0.0012 |
| 2.7524 | 0.3090 | 0.8768 | 0.8779 | 0.8778 | −0.0011 | −0.0010 |
| 3.3441 | 0 | 0.8768 | 0.8775 | 0.8775 | −0.0007 | −0.0007 |
| 0 | 2.3360 | 0.8158 | 0.8172 | 0.8172 | −0.0014 | −0.0014 |
| 0.2493 | 2.2134 | 0.8158 | 0.8171 | 0.8170 | −0.0013 | −0.0012 |
| 0.8271 | 1.9280 | 0.8158 | 0.8169 | 0.8166 | −0.0011 | −0.0008 |
| 1.5758 | 1.5614 | 0.8158 | 0.8164 | 0.8160 | −0.0006 | −0.0002 |
| 2.5344 | 1.0911 | 0.8158 | 0.8160 | 0.8158 | −0.0002 | 0 |
| 3.8776 | 0.4353 | 0.8158 | 0.8155 | 0.8155 | 0.0003 | 0.0003 |
| 4.7830 | 0 | 0.8158 | 0.8149 | 0.8149 | 0.0009 | 0.0009 |
| 0 | 2.7353 | 0.7678 | 0.7689 | 0.7689 | −0.0011 | −0.0011 |
| 0.2925 | 2.5964 | 0.7678 | 0.7688 | 0.7686 | −0.0010 | −0.0008 |
| 0.9753 | 2.2733 | 0.7678 | 0.7682 | 0.7678 | −0.0004 | 0 |
| 1.8713 | 1.8543 | 0.7678 | 0.7671 | 0.7667 | 0.0007 | 0.0011 |
| 3.0378 | 1.3077 | 0.7678 | 0.7663 | 0.7661 | 0.0015 | 0.0017 |
| 4.7096 | 0.5288 | 0.7678 | 0.7656 | 0.7657 | 0.0022 | 0.0021 |
| 5.8576 | 0 | 0.7678 | 0.7652 | 0.7652 | 0.0026 | 0.0026 |
| 0 | 2.9896 | 0.7353 | 0.7363 | 0.7363 | −0.0010 | −0.0010 |
| 0.3192 | 2.8332 | 0.7353 | 0.7371 | 0.7370 | −0.0018 | −0.0017 |
| 1.0684 | 2.4905 | 0.7353 | 0.7359 | 0.7355 | −0.0006 | −0.0002 |
| 2.0570 | 2.0383 | 0.7353 | 0.7346 | 0.7341 | 0.0007 | 0.0012 |
| 3.3594 | 1.4462 | 0.7353 | 0.7330 | 0.7329 | 0.0023 | 0.0024 |
| 0 | 3.3562 | 0.6856 | 0.6874 | 0.6874 | −0.0018 | −0.0018 |
| 0.3598 | 3.1935 | 0.6856 | 0.6871 | 0.6869 | −0.0015 | −0.0013 |
| 1.2092 | 2.8186 | 0.6856 | 0.6850 | 0.6846 | 0.0006 | 0.0010 |
| 0 | 3.4809 | 0.6686 | 0.6704 | 0.6704 | −0.0018 | −0.0018 |
| 0.3732 | 3.3126 | 0.6686 | 0.6701 | 0.6699 | −0.0015 | −0.0013 |
| 1.2564 | 2.9286 | 0.6686 | 0.6676 | 0.6671 | 0.0010 | 0.0015 |
| 0 | 3.8569 | 0.6161 | 0.6182 | 0.6182 | −0.0021 | −0.0021 |
| 0.4141 | 3.6761 | 0.6161 | 0.6176 | 0.6173 | −0.0015 | −0.0012 |

续表 3-5

| $m_{NaCl}$ /mol·kg$^{-1}$ | $m_{MgCl_2}$ /mol·kg$^{-1}$ | $a_w$ | | | 偏 差 | |
|---|---|---|---|---|---|---|
| | | 实验值 | 计算值 1[①] | 计算值 2[②] | 偏差 1[③] | 偏差 2[④] |
| 0 | 4.3218 | 0.5509 | 0.5530 | 0.5530 | −0.0021 | −0.0021 |
| 0.4651 | 4.1290 | 0.5509 | 0.5514 | 0.5511 | −0.0005 | −0.0002 |
| 0 | 4.3759 | 0.5424 | 0.5454 | 0.5454 | −0.0030 | −0.0030 |
| 0.1135 | 4.3185 | 0.5424 | 0.5466 | 0.5464 | −0.0042 | −0.0040 |
| 0.2235 | 4.2662 | 0.5424 | 0.5471 | 0.5469 | −0.0047 | −0.0045 |
| 0.4687 | 4.1604 | 0.5424 | 0.5469 | 0.5466 | −0.0045 | −0.0042 |
| 0 | 4.5229 | 0.5218 | 0.5248 | 0.5248 | −0.0030 | −0.0030 |
| 0.1173 | 4.4640 | 0.5218 | 0.5260 | 0.5259 | −0.0042 | −0.0041 |
| 0.2311 | 4.4103 | 0.5218 | 0.5266 | 0.5264 | −0.0048 | −0.0046 |
| 0 | 4.8199 | 0.4805 | 0.4838 | 0.4838 | −0.0033 | −0.0033 |
| 0.1250 | 4.7583 | 0.4805 | 0.4850 | 0.4848 | −0.0045 | −0.0043 |
| 0.2464 | 4.7032 | 0.4805 | 0.4853 | 0.4851 | −0.0048 | −0.0046 |
| 0 | 5.1763 | 0.4327 | 0.4357 | 0.4357 | −0.0030 | −0.0030 |
| 0.1344 | 5.1133 | 0.4327 | 0.4366 | 0.4365 | −0.0039 | −0.0038 |
| 0.2655 | 5.0669 | 0.4327 | 0.4353 | 0.4352 | −0.0026 | −0.0025 |
| 0 | 5.4168 | 0.4009 | 0.4041 | 0.4041 | −0.0032 | −0.0032 |
| 0.1406 | 5.3524 | 0.4009 | 0.4049 | 0.4049 | −0.0040 | −0.0040 |
| 0.2791 | 5.3260 | 0.4009 | 0.4008 | 0.4006 | 0.0001 | 0.0003 |
| 0 | 5.6771 | 0.3672 | 0.3711 | 0.3711 | −0.0039 | −0.0039 |
| 0.1475 | 5.6126 | 0.3672 | 0.3716 | 0.3715 | −0.0044 | −0.0043 |
| 0.2935 | 5.6010 | 0.3672 | 0.3654 | 0.3652 | 0.0018 | 0.0020 |
| 0 | 5.8771 | 0.3423 | 0.3466 | 0.3466 | −0.0043 | −0.0043 |
| 0.1530 | 5.8213 | 0.3423 | 0.3457 | 0.3456 | −0.0034 | −0.0033 |
| 0.3044 | 5.8090 | 0.3423 | 0.3396 | 0.3395 | 0.0027 | 0.0028 |
| $\sigma$[⑤] | | | | | 0.0019 | 0.0019 |

① 计算值 1：只使用纯盐参数计算的水活度值。

② 计算值 2：使用纯盐参数和水活度数据拟合的三元混合参数计算的水活度值。

③ 偏差 1 = $a_w$(实验值) − $a_w$(计算值 1)。

④ 偏差 2 = $a_w$(实验值) − $a_w$(计算值 2)。

⑤ 标准偏差 $\sigma = \sqrt{\dfrac{1}{n}\sum_{i=1}^{n}\left[a_w(实验值) - a_w(计算值)\right]^2}$。

随后，仅用二元 Pitzer 模型参数预测计算了三元体系 NaCl-MgCl$_2$-H$_2$O 在

323.15 K 时的溶解度等温线，计算的结果如图 3-4（点线）所示。从图 3-4 中可以看出，预测的溶解度等温线除了与 Yang[25] 报道的数据差别较大外，与其他文献报道的溶解度数据都比较吻合。

■ NaCl, 文献[25]; ● NaCl, 文献 [24]; ⬟ NaCl, 文献 [22]; ★ NaCl, 文献 [23]; ▣ MgCl₂·6H₂O+NaCl, 文献[25]; ◖ MgCl₂·6H₂O+NaCl, 文献[24]; ▲ MgCl₂·6H₂O+NaCl, 文献[21]; ⬠ MgCl₂·6H₂O+NaCl, 文献 [22]; ◈ MgCl₂·6H₂O+ NaCl , 文献[20]; ☆ MgCl₂·6H₂O+NaCl, 文献 [23]; □ MgCl₂·6H₂O, 文献[25]; ○ MgCl₂·6H₂O, 文献[24]; ⬡ MgCl₂·6H₂O,文献[22]; ☆ MgCl₂·6H₂O,文献 [23]

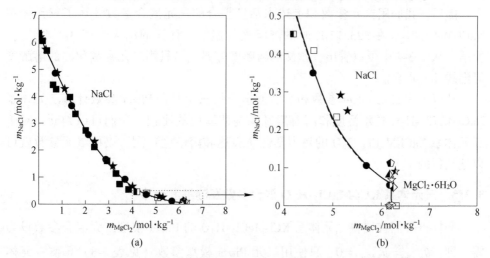

图 3-4　模型计算的 NaCl-MgCl₂-H₂O 体系 323.15 K 时的溶解度等温线
及其与文献报道的实验数据比较

（图中所有的线表示用 Pitzer 模型预测的溶解度等温线；-- 表示只使用二元模型参数预测的
溶解度等温线；— 表示同时使用二元和三元模型参数预测的溶解度等温线）

从以上仅用二元参数计算三元体系 NaCl-MgCl₂-H₂O 的水活度和溶解度及其与实验测定数据的比较可以判断，对于三元体系 NaCl-MgCl₂-H₂O 的热力学性质表达和溶解度预测，仅用二元参数预测的溶解度等温线就已经很接近溶解度实验值。

利用已经获得的二元 Pitzer 模型参数和等压法测定的 323.15 K 时三元体系 NaCl-MgCl₂-H₂O 的水活度数据，我们拟合获得了三元体系 NaCl-MgCl₂-H₂O 的 Pitzer 模型三元混合参数，见表 3-6。利用二元 Pitzer 模型参数（见表 3-3）和拟合的三元混合参数（见表 3-6）及溶解度参数（见表 3-4），我们再次计算了三元体系 NaCl-MgCl₂-H₂O 在 323.15 K 时的水活度及其与实验值的偏差，见表 3-5。从表 3-5 中我们可以看出，对于三元体系 NaCl-MgCl₂-H₂O，与仅用二元参数的模型计算值相比，与等压实验测定的水活度的偏差变化很小，计算的三元体系 NaCl-MgCl₂-H₂O 的水活度与实验值的标准偏差不变，还是 0.0019。

**表 3-6 323.15 K 三元体系 NaCl-MgCl$_2$-H$_2$O 的 Pitzer 模型混合参数**

| $i$ | $j$ | $k$ | $\theta_{ij}$ | $\psi_{ijk}$ | 拟合模型混合参数数据来源 | $\sigma^{①}$ |
|---|---|---|---|---|---|---|
| Na | Mg | Cl | 0.008 | −0.002 | 表 3-1 中的水活度数据 | 0.0019 |

① $\sigma = \sqrt{\dfrac{1}{n}\sum\limits_{i=1}^{n}\left[a_w(实验值) - a_w(计算值)\right]^2}$。

随后，我们用二元参数和上述水活度拟合的三元混合参数计算了三元体系 NaCl-MgCl$_2$-H$_2$O 在 323.15 K 时的溶解度等温线，计算的结果如图 3-4（实线）所示。从图 3-4 中可以看出，预测的溶解度等温线与只用二元参数预测的溶解度等温线几乎重合。

从以上用二元 Pitzer 参数和水活度拟合的三元混合 Pitzer 参数计算三元体系 NaCl-MgCl$_2$-H$_2$O 的水活度和溶解度及其与实验值的比较，我们可以判断，对于三元体系 NaCl-MgCl$_2$-H$_2$O 的热力学性质表达和溶解度预测，仅用二元参数就可以达到目的。

### 3.3.3 三元体系 KCl-MgCl$_2$-H$_2$O 混合参数及溶解度计算

同样，我们首先将三元体系 KCl-MgCl$_2$-H$_2$O 的 Pitzer 模型三元混合参数设为零，即：$\theta_{K,Mg}=\psi_{KMgCl}=0$，只使用二元 Pitzer 模型参数（见表 3-3）预测三元体系 KCl-MgCl$_2$-H$_2$O 在 323.15 K 的水活度及溶解度，计算过程所有需要的溶解度参数见表 3-4。仅用二元 Pitzer 模型参数计算获得的三元体系 KCl-MgCl$_2$-H$_2$O 在 323.15 K 时的水活度及其与我们用等压法测定的实验数据的偏差见表 3-7。从表中可以看出，仅用二元参数预测的三元体系 KCl-MgCl$_2$-H$_2$O 的水活度，对于三元体系 KCl-MgCl$_2$-H$_2$O 的标准偏差较大，为 0.0038。

**表 3-7 Pitzer 模型计算的 KCl-MgCl$_2$-H$_2$O 体系 323.15 K 时的水活度及其与实验值的比较**

| $m_{KCl}$ /mol·kg$^{-1}$ | $m_{MgCl_2}$ /mol·kg$^{-1}$ | $a_w$ | | | | 偏差 | | |
|---|---|---|---|---|---|---|---|---|
| | | 实验值 | 计算值 1$^{①}$ | 计算值 2$^{②}$ | 计算值 3$^{③}$ | 偏差 1$^{④}$ | 偏差 2$^{⑤}$ | 偏差 3$^{⑥}$ |
| 0 | 1.3574 | 0.9564 | 0.9564 | 0.9564 | 0.9564 | 0 | 0 | 0 |
| 0.1247 | 1.1657 | 0.9564 | 0.9559 | 0.9562 | 0.9557 | 0.0005 | 0.0002 | 0.0007 |
| 0.3337 | 0.8150 | 0.9564 | 0.9560 | 0.9565 | 0.9555 | 0.0004 | −0.0001 | 0.0009 |
| 0.5044 | 0.5276 | 0.9564 | 0.9561 | 0.9565 | 0.9556 | 0.0003 | −0.0001 | 0.0008 |
| 0.6569 | 0.2677 | 0.9564 | 0.9563 | 0.9566 | 0.9559 | 0.0001 | −0.0002 | 0.0005 |
| 0.7683 | 0.0742 | 0.9564 | 0.9566 | 0.9567 | 0.9565 | −0.0002 | −0.0003 | −0.0001 |
| 0.8108 | 0 | 0.9564 | 0.9567 | 0.9567 | 0.9567 | −0.0003 | −0.0003 | −0.0003 |
| 0 | 1.4127 | 0.9546 | 0.9547 | 0.9547 | 0.9547 | −0.0001 | −0.0001 | −0.0001 |

| $m_{KCl}$ /mol · kg$^{-1}$ | $m_{MgCl_2}$ /mol · kg$^{-1}$ | $a_w$ | | | | 偏 差 | | |
|---|---|---|---|---|---|---|---|---|
| | | 实验值 | 计算值 1[①] | 计算值 2[②] | 计算值 3[③] | 偏差 1[④] | 偏差 2[⑤] | 偏差 3[⑥] |
| 0.1287 | 1.2035 | 0.9546 | 0.9544 | 0.9547 | 0.9542 | 0.0002 | -0.0001 | 0.0004 |
| 0.3463 | 0.8457 | 0.9546 | 0.9542 | 0.9547 | 0.9537 | 0.0004 | -0.0001 | 0.0009 |
| 0.5231 | 0.5471 | 0.9546 | 0.9543 | 0.9547 | 0.9537 | 0.0003 | -0.0001 | 0.0009 |
| 0.6802 | 0.2772 | 0.9546 | 0.9545 | 0.9548 | 0.9541 | 0.0001 | -0.0002 | 0.0005 |
| 0.7944 | 0.0767 | 0.9546 | 0.9548 | 0.9549 | 0.9547 | -0.0002 | -0.0003 | -0.0001 |
| 0.8374 | 0 | 0.9546 | 0.9550 | 0.9550 | 0.9550 | -0.0004 | -0.0004 | -0.0004 |
| 0 | 1.6003 | 0.9486 | 0.9486 | 0.9486 | 0.9486 | 0 | 0 | 0 |
| 0.1454 | 1.3592 | 0.9486 | 0.9483 | 0.9486 | 0.9481 | 0.0003 | 0 | 0.0005 |
| 0.3888 | 0.9494 | 0.9486 | 0.9480 | 0.9486 | 0.9475 | 0.0006 | 0 | 0.0011 |
| 0.5845 | 0.6114 | 0.9486 | 0.9481 | 0.9487 | 0.9474 | 0.0005 | -0.0001 | 0.0012 |
| 0.7582 | 0.309 | 0.9486 | 0.9482 | 0.9486 | 0.9477 | 0.0004 | 0 | 0.0009 |
| 0.8802 | 0.085 | 0.9486 | 0.9488 | 0.9489 | 0.9486 | -0.0002 | -0.0003 | 0 |
| 0.9269 | 0 | 0.9486 | 0.9489 | 0.9489 | 0.9489 | -0.0003 | -0.0003 | -0.0003 |
| 0 | 3.3148 | 0.8915 | 0.8915 | 0.8915 | 0.8915 | 0 | 0 | 0 |
| 0.2945 | 2.754 | 0.8915 | 0.8896 | 0.8915 | 0.8905 | 0.0019 | 0 | 0.0010 |
| 0.755 | 1.8436 | 0.8915 | 0.8882 | 0.8910 | 0.8881 | 0.0033 | 0.0005 | 0.0034 |
| 1.0946 | 1.1449 | 0.8915 | 0.8885 | 0.8907 | 0.8872 | 0.0030 | 0.0008 | 0.0043 |
| 1.3734 | 0.5597 | 0.8915 | 0.8895 | 0.8907 | 0.8881 | 0.0020 | 0.0008 | 0.0034 |
| 1.5583 | 0.1504 | 0.8915 | 0.8912 | 0.8916 | 0.8907 | 0.0003 | -0.0001 | 0.0008 |
| 1.6259 | 0 | 0.8915 | 0.8919 | 0.8919 | 0.8919 | -0.0004 | -0.0004 | -0.0004 |
| 0 | 3.6152 | 0.8812 | 0.8812 | 0.8812 | 0.8812 | 0 | 0 | 0 |
| 0.3199 | 2.9914 | 0.8812 | 0.8790 | 0.8813 | 0.8804 | 0.0022 | -0.0001 | 0.0008 |
| 0.8155 | 1.9913 | 0.8812 | 0.8773 | 0.8805 | 0.8774 | 0.0039 | 0.0007 | 0.0038 |
| 1.1769 | 1.2309 | 0.8812 | 0.8776 | 0.8801 | 0.8762 | 0.0036 | 0.0011 | 0.0050 |
| 1.4702 | 0.5992 | 0.8812 | 0.8788 | 0.8801 | 0.8772 | 0.0024 | 0.0011 | 0.0040 |
| 1.6636 | 0.1605 | 0.8812 | 0.8808 | 0.8811 | 0.8801 | 0.0004 | 0.0001 | 0.0011 |
| 1.7329 | 0 | 0.8812 | 0.8817 | 0.8817 | 0.8817 | -0.0005 | -0.0005 | -0.0005 |
| 0 | 4.5316 | 0.8494 | 0.8496 | 0.8496 | 0.8496 | -0.0002 | -0.0002 | -0.0002 |
| 0.3967 | 3.7089 | 0.8494 | 0.8460 | 0.8497 | 0.8495 | 0.0034 | -0.0003 | -0.0001 |
| 0.9945 | 2.4284 | 0.8494 | 0.8431 | 0.8481 | 0.8447 | 0.0063 | 0.0013 | 0.0047 |
| 1.4141 | 1.4791 | 0.8494 | 0.8440 | 0.8477 | 0.8428 | 0.0054 | 0.0017 | 0.0066 |

| $m_{KCl}$ /mol·kg$^{-1}$ | $m_{MgCl_2}$ /mol·kg$^{-1}$ | $a_w$ | | | | 偏 差 | | |
|---|---|---|---|---|---|---|---|---|
| | | 实验值 | 计算值1[①] | 计算值2[②] | 计算值3[③] | 偏差1[④] | 偏差2[⑤] | 偏差3[⑥] |
| 1.7453 | 0.7113 | 0.8494 | 0.8463 | 0.8481 | 0.8443 | 0.0031 | 0.0013 | 0.0051 |
| 1.9626 | 0.1894 | 0.8494 | 0.8490 | 0.8495 | 0.8482 | 0.0004 | −0.0001 | 0.0012 |
| 2.0398 | 0 | 0.8494 | 0.8502 | 0.8502 | 0.8502 | −0.0008 | −0.0008 | −0.0008 |
| 0 | 5.0299 | 0.8322 | 0.8323 | 0.8323 | 0.8323 | −0.0001 | −0.0001 | −0.0001 |
| 0.4381 | 4.0967 | 0.8322 | 0.8277 | 0.8323 | 0.8327 | 0.0045 | −0.0001 | −0.0005 |
| 1.0894 | 2.6602 | 0.8322 | 0.8241 | 0.8301 | 0.8268 | 0.0081 | 0.0021 | 0.0054 |
| 1.5390 | 1.6097 | 0.8322 | 0.8253 | 0.8297 | 0.8243 | 0.0069 | 0.0025 | 0.0079 |
| 1.8888 | 0.7698 | 0.8322 | 0.8282 | 0.8304 | 0.8261 | 0.0040 | 0.0018 | 0.0061 |
| 2.1161 | 0.2042 | 0.8322 | 0.8316 | 0.8321 | 0.8306 | 0.0006 | 0.0001 | 0.0016 |
| 2.1962 | 0 | 0.8322 | 0.8331 | 0.8331 | 0.8331 | −0.0009 | −0.0009 | −0.0009 |
| 1.3144 | 3.2098 | 0.7903 | 0.7767 | 0.7858 | 0.7833 | 0.0136 | 0.0045 | 0.0070 |
| 1.8295 | 1.9136 | 0.7903 | 0.7792 | 0.7853 | 0.7792 | 0.0111 | 0.0050 | 0.0111 |
| 2.2198 | 0.9047 | 0.7903 | 0.7839 | 0.7868 | 0.7814 | 0.0064 | 0.0035 | 0.0089 |
| 2.4662 | 0.2380 | 0.7903 | 0.7892 | 0.7900 | 0.7880 | 0.0011 | 0.0003 | 0.0023 |
| 2.5519 | 0 | 0.7903 | 0.7915 | 0.7915 | 0.7915 | −0.0012 | −0.0012 | −0.0012 |
| 3.5239 | 0.3401 | 0.6492 | 0.6456 | 0.6468 | 0.6437 | 0.0036 | 0.0024 | 0.0055 |
| 3.6234 | 0 | 0.6492 | 0.6507 | 0.6507 | 0.6507 | −0.0015 | −0.0015 | −0.0015 |
| 4.1751 | 0.4029 | 0.5602 | 0.5518 | 0.5533 | 0.5496 | 0.0084 | 0.0069 | 0.0106 |
| 4.2647 | 0 | 0.5602 | 0.5610 | 0.5610 | 0.5610 | −0.0008 | −0.0008 | −0.0008 |
| 4.2759 | 0.4127 | 0.5431 | 0.5373 | 0.5388 | 0.5350 | 0.0058 | 0.0043 | 0.0081 |
| 4.3095 | 0.2282 | 0.5431 | 0.5424 | 0.5432 | 0.5410 | 0.0007 | −0.0001 | 0.0021 |
| 4.3432 | 0.1101 | 0.5431 | 0.5440 | 0.5444 | 0.5433 | −0.0009 | −0.0013 | −0.0002 |
| 4.3760 | 0 | 0.5431 | 0.5454 | 0.5454 | 0.5454 | −0.0023 | −0.0023 | −0.0023 |
| 4.4572 | 0.2360 | 0.5226 | 0.5215 | 0.5223 | 0.5200 | 0.0011 | 0.0003 | 0.0026 |
| 4.4897 | 0.1138 | 0.5226 | 0.5234 | 0.5238 | 0.5227 | −0.0008 | −0.0012 | −0.0001 |
| 4.5229 | 0 | 0.5226 | 0.5249 | 0.5249 | 0.5249 | −0.0023 | −0.0023 | −0.0023 |
| 4.7549 | 0.2518 | 0.4814 | 0.4797 | 0.4807 | 0.4783 | 0.0017 | 0.0007 | 0.0031 |
| 4.7863 | 0.1213 | 0.4814 | 0.4821 | 0.4826 | 0.4813 | −0.0007 | −0.0012 | 0.0001 |
| 4.8199 | 0 | 0.4814 | 0.4838 | 0.4838 | 0.4838 | −0.0024 | −0.0024 | −0.0024 |
| 5.1436 | 0.1303 | 0.4326 | 0.4336 | 0.4340 | 0.4328 | −0.0010 | −0.0014 | −0.0002 |
| 5.1763 | 0 | 0.4326 | 0.4357 | 0.4357 | 0.4357 | −0.0031 | −0.0031 | −0.0031 |

| $m_{KCl}$ /mol · kg$^{-1}$ | $m_{MgCl_2}$ /mol · kg$^{-1}$ | $a_w$ | | | | 偏差 | | |
|---|---|---|---|---|---|---|---|---|
| | | 实验值 | 计算值 1[①] | 计算值 2[②] | 计算值 3[③] | 偏差 1[④] | 偏差 2[⑤] | 偏差 3[⑥] |
| 5.3875 | 0.1365 | 0.4003 | 0.4015 | 0.4019 | 0.4007 | -0.0012 | -0.0016 | -0.0004 |
| 5.4168 | 0 | 0.4003 | 0.4041 | 0.4041 | 0.4041 | -0.0038 | -0.0038 | -0.0038 |
| 5.6765 | 0.1438 | 0.3666 | 0.3647 | 0.3652 | 0.3639 | 0.0019 | 0.0014 | 0.0027 |
| 5.6771 | 0 | 0.3666 | 0.3711 | 0.3711 | 0.3711 | -0.0045 | -0.0045 | -0.0045 |
| 5.8771 | 0 | 0.3425 | 0.3466 | 0.3466 | 0.3466 | -0.0041 | -0.0041 | -0.0041 |
| $\sigma^{⑦}$ | | | | | | 0.0034 | 0.0018 | 0.0035 |

① 计算值 1：只使用纯盐参数计算的水活度值。

② 计算值 2：使用纯盐参数和水活度数据拟合的三元混合参数计算的水活度值。

③ 计算值 3：使用纯盐参数和水活度与溶解度数据文献 [26]-[29] 一起拟合的三元混合参数计算的水活度值。

④ 偏差 1 = $a_w$(实验值) - $a_w$(计算值 1)。

⑤ 偏差 2 = $a_w$(实验值) - $a_w$(计算值 2)。

⑥ 偏差 3 = $a_w$(实验值) - $a_w$(计算值 3)。

⑦ 标准偏差 $\sigma = \sqrt{\dfrac{1}{n}\sum_{i=1}^{n}\left[a_w(实验值) - a_w(计算值)\right]^2}$。

　　随后，我们仅用二元 Pitzer 模型参数（见表 3-3）预测计算了三元体系 KCl-MgCl$_2$-H$_2$O 在 323.15 K 时的溶解度等温线，计算的结果如图 3-5（虚线）所示。从图 3-5 中可以看出，预测的溶解度等温线与文献 [26]-[30] 的溶解度数据都有很大差别。这可能是由于在三元体系 KCl-MgCl$_2$-H$_2$O 中 KCl 和 MgCl$_2$ 是存在着相互作用的，但是三元参数设为零，它们之间的这种相互作用无法体现出来，导致预测的结果与实验存在较大偏差。

　　从以上仅用二元参数计算体系的水活度和溶解度及其与实验值的比较，我们可以判断，对于三元体系 KCl-MgCl$_2$-H$_2$O 的热力学性质表达和溶解度预测，仅用二元参数的是不够的，必须要引入三元混合参数才行。

　　利用已经获得的二元 Pitzer 模型参数（见表 3-3）和本书中用等压法测定的 323.15 K 时三元体系 KCl-MgCl$_2$-H$_2$O 的水活度数据（见表 3-2），我们拟合获得了一套三元体系 KCl-MgCl$_2$-H$_2$O 的 Pitzer 模型三元混合参数，见表 3-8。利用二元 Pitzer 模型参数（见表 3-3）和拟合获得的三元混合参数（见表 3-8），再次计算了三元体系 KCl-MgCl$_2$-H$_2$O 在 323.15 K 时的水活度及其与实验值的偏差，见表 3-7。从表 3-7 中我们可以看出，对于三元体系 KCl-MgCl$_2$-H$_2$O，与仅用二元 Pitzer 模型参数的模型计算值相比，与实验测定的水活度的偏差明显变小，计算的三元体系 KCl-MgCl$_2$-H$_2$O 的水活度与实验值的标准偏差变小，为 0.0018。

　　随后，用二元 Pitzer 模型参数（见表 3-3）和上述通过水活度拟合获得的三

▲ KCl,文献[26]; ● KCl,文献[29]; ■ KCl,文献[30]; ⊕ KCl·MgCl₂·6H₂O,文献[29]; ⊞ KCl·MgCl₂·6H₂O，
文献[30]; ◐ KCl+KCl·MgCl₂·6H₂O,文献[29]; ▣ KCl+KCl·MgCl₂·6H₂O,文献[30]; ★ KCl+KCl·MgCl₂·6H₂O，
文献[27]; ◈ KCl+KCl·MgCl₂·6H₂O,文献[28]; ◑ KCl·MgCl₂·6H₂O+MgCl₂,文献[29]; ◪ KCl·MgCl₂·6H₂O+MgCl₂,
文献[30]; ☆ KCl·MgCl₂·6H₂O+MgCl₂,文献[27]; ◇ KCl·MgCl₂·6H₂O+MgCl₂,文献[28]; ○ MgCl₂·6H₂O,文献[29];
□ MgCl₂·6H₂O,文献[30]

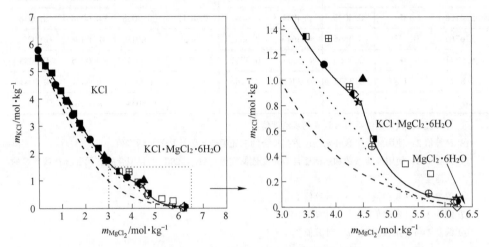

图 3-5 模型计算的 KCl-MgCl₂-H₂O 体系 323.15 K 时的溶解度等温线
及其与文献报道的实验数据比较

(图中所有的线表示用 Pitzer 模型预测的溶解度等温线；-- 表示只使用二元模型参数预测的
溶解度等温线；…表示同时使用二元参数和用水活度拟合的三元混合参数预测的溶解度等温线；
—表示同时使用二元参数和用水活度与溶解度数据（见文献 [26]-[29]）一起拟合的三元
混合参数预测的溶解度等温线)

元混合参数（见表 3-8）计算了三元体系 KCl-MgCl₂-H₂O 在 323.15 K 时的溶解度
等温线，计算的结果如图 3-5（虚线）所示。从图 3-5 中可以看出，这次预测的
溶解度等温线比只用二元参数预测的溶解度等温线明显变好，但是与文献 [26]-
[30] 报道的溶解度数据仍有存在较大差别。

表 3-8 323.15 K 三元体系 KCl-MgCl₂-H₂O 的 Pitzer 模型混合参数

| $i$ | $j$ | $k$ | $\theta_{ij}$ | $\psi_{ijk}$ | 拟合模型混合参数数据来源 | $\sigma^{①}$ |
|---|---|---|---|---|---|---|
| K | Mg | Cl | −0.041 | −0.011 | 表 3-2 中的水活度数据 | 0.0018 |
| K | Mg | Cl | 0.083 | −0.043 | 表 3-2 中的水活度数据和文献 [26]-[29] 中的溶解度数据 | 0.0035 |

① $\sigma = \sqrt{\dfrac{1}{n}\sum_{i=1}^{n}[a_w(实验值) - a_w(计算值)]^2}$。

从以上二元 Pitzer 模型参数和仅用水活度拟合获得的三元混合参数计算三元
体系 KCl-MgCl₂-H₂O 的水活度和溶解度及其与实验值的比较，我们可以判断，对

于三元体系 KCl-MgCl$_2$-H$_2$O 的热力学性质表达和溶解度预测，仅用二元参数和水活度拟合的三元混合参数仍然是不足的。

因此，加入三元体系 KCl-MgCl$_2$-H$_2$O 的溶解度数据与实验测定的水活度数据一起进行拟合，获得了一套新的 Pitzer 模型混合参数，见表 3-8。使用二元 Pitzer 模型参数（见表 3-3）和这套新获得的 Pitzer 模型混合参数（见表 3-8）重新计算了三元体系 KCl-MgCl$_2$-H$_2$O 在 323.15 K 时的水活度及其与实验值的偏差，见表 3-7。由表 3-7 我们可以看出，对于三元体系 KCl-MgCl$_2$-H$_2$O，与仅用二元 Pitzer 模型参数的模型计算值相比，与实验测定的水活度的偏差稍有变小；但是与用二元参数和本书中测定的水活度拟合的混合模型参数的计算的结果相比，偏差变大，标准偏差为 0.0035。同时，使用二元 Pitzer 模型参数（见表 3-3）和这套新获得的 Pitzer 模型混合参数（见表 3-8）重新计算了三元体系 KCl-MgCl$_2$-H$_2$O 在 323.15 K 时的溶解度等温线，计算的结果如图 3-5（实线）所示。从图 3-5 中可以看出，计算的溶解度等温线明显变好，除了与 Yang 等人[30] 报道的数据差距较大外，与文献报道的溶解度数据吻合很好。

最后，将 323.15 K 三元体系 KCl-MgCl$_2$-H$_2$O 用模型计算的两个共饱点处的组成与文献［26］-［29］中共饱点的组成进行了对比，列于表 3-9。由表 3-9 可以清楚地看出，本研究工作计算的溶解度数据是与绝大多数研究者报道的数据相吻合。

**表 3-9 323.15 K 三元体系 KCl-MgCl$_2$-H$_2$O 共饱点组成比较**

| 平衡固相 | 溶液组成/mol · kg$^{-1}$ | | 来　源 |
| --- | --- | --- | --- |
| | KCl | MgCl$_2$ | |
| KCl+KCl · MgCl$_2$ · 6H$_2$O | 0.893 | 4.335 | 文献［27］ |
| | 0.827 | 4.414 | 文献［28］ |
| | 0.889 | 4.338 | 文献［29］ |
| | 1.345 | 3.468 | 文献［30］ |
| | 0.829 | 4.462 | 模型计算 |
| KCl · MgCl$_2$ · 6H$_2$O+MgCl$_2$ · 6H$_2$O | 0.043 | 6.228 | 文献［27］ |
| | 0.066 | 6.212 | 文献［28］ |
| | 0.043 | 6.188 | 文献［29］ |
| | 0.536 | 4.690 | 文献［30］ |
| | 0.054 | 6.212 | 模型计算 |

# 3.4 本章小结

本书使用等压法精细测定了两个三元体系 NaCl-MgCl$_2$-H$_2$O 和 KCl-MgCl$_2$-

H$_2$O 及其二元子体系 NaCl-H$_2$O，KCl-H$_2$O 和 MgCl$_2$-H$_2$O 在 323.15 K 时的水活度。使用 Pitzer 模型对上述三元体系溶解度等温线进行了热力学计算。其主要工作有：

(1) 测定的 NaCl-H$_2$O、KCl-H$_2$O 和 MgCl$_2$-H$_2$O 体系水活度与文献报道的数据吻合很好。可见，我们用等压法测定的水活度数据是可靠的。

(2) 从三元体系 NaCl-MgCl$_2$-H$_2$O 和 KCl-MgCl$_2$-H$_2$O 的等压实验测定结果，我们发现三元体系 NaCl-MgCl$_2$-H$_2$O 中所有的等压组成点连线在低浓度到中等浓度几乎都是直线，并且遵从 Zdanovskii 规则。然而，我们发现在三元体系 KCl-MgCl$_2$-H$_2$O 中所有的等压组成点连线并不是直线，偏离于 Zdanovskii 规则。

(3) 本书选择 Pitzer 模型对三元体系 NaCl-MgCl$_2$-H$_2$O 和 KCl-MgCl$_2$-H$_2$O 的热力学性质进行了表达。利用文献报道的二元 Pitzer 模型参数，以及利用文献中报道的 MgCl$_2$·6H$_2$O、NaCl、KCl 和 KCl·MgCl$_2$·6H$_2$O 的溶解度数据，拟合了三元体系 NaCl-MgCl$_2$-H$_2$O 和 KCl-MgCl$_2$-H$_2$O 中所有存在的固相的 ln$K$。

(4) 本书中仅用二元体系 Pitzer 模型参数，描述预测了 323.15 K 时三元体系 NaCl-MgCl$_2$-H$_2$O 和 KCl-MgCl$_2$-H$_2$O 的水活度，预测结果表明，对于三元体系 NaCl-MgCl$_2$-H$_2$O，计算的水活度与等压实验测定值很接近，对于三元体系 KCl-MgCl$_2$-H$_2$O，计算的水活度与等压实验测定值差别很大。预测了三元体系 NaCl-MgCl$_2$-H$_2$O 和 KCl-MgCl$_2$-H$_2$O 的溶解度等温线，预测结果表明，对于三元体系 NaCl-MgCl$_2$-H$_2$O，计算的溶解度等温线与大部分文献报道的溶解度很接近，对于三元体系 KCl-MgCl$_2$-H$_2$O，计算的溶解度等温线与所有文献报道的溶解度差别都很大。因此，与三元体系 NaCl-MgCl$_2$-H$_2$O 相比，三元体系 KCl-MgCl$_2$-H$_2$O 在用模型表达体系热力学性质时，加入三元混合参数更有必要。

(5) 本书中又拟合了等压实验测定的三元体系 NaCl-MgCl$_2$-H$_2$O 和 KCl-MgCl$_2$-H$_2$O 的水活度数据得到了三元混合参数。用二元和三元混合参数，分别计算了 323.15 K 时三元体系 NaCl-MgCl$_2$-H$_2$O 和 KCl-MgCl$_2$-H$_2$O 的水活度和溶解度等温线。与仅用二元 Pitzer 模型参数计算的水活度相比，加入了三元混合参数一起预测的水活度与实验值偏差都有所变小，三元体系 NaCl-MgCl$_2$-H$_2$O 的偏差变化较小，三元体系 KCl-MgCl$_2$-H$_2$O 的偏差变小明显。模型计算的 323.15 K 时三元体系 NaCl-MgCl$_2$-H$_2$O 的溶解度等温线与文献报道的绝大多数溶解度数据都很吻合。模型计算的 323.15 K 时三元体系 KCl-MgCl$_2$-H$_2$O 的溶解度等温线与文献报道的溶解度数据比只用二元参数计算的溶解度等温线与文献报道的溶解度数据差别变小，有逐渐接近文献报道的溶解度数据的趋势，但仍旧存在一定差别。因此，对于三元体系 NaCl-MgCl$_2$-H$_2$O 只用二元模型参数，最多加入用水活度拟合的三元混合参数就完全可以用 Pitzer 模型表达体系热力学性质；但是对于三元体系 KCl-MgCl$_2$-H$_2$O 在加入了用水活度拟合的三元混合参数后，仍无法用 Pitzer 模型表达该体系的热力学性质。

（6）本书重新拟合三元体系 KCl-MgCl$_2$-H$_2$O 的模型混合参数，将文献报道的 323.15 K 时的溶解度数据，和等压测定的水活度数据一起进行拟合，得到了一套新的三元混合参数。利用二元模型参数和这套新获得的三元混合参数，本书再次计算了 323.15 K 时三元体系 KCl-MgCl$_2$-H$_2$O 的水活度和溶解度等温线。单从水活度的计算结果看，与仅用二元模型参数的模型计算值相比，与实验测定的水活度之间的偏差有所变小；但是与用二元参数和本工作中测定的水活度拟合的混合模型参数的计算的结果相比，偏差变大，标准偏差为 0.0035。计算的溶解度等温线明显变好。

## 参 考 文 献

[1] BUTLER J N, HUSTON R. Activity coefficient measurements in aqueous sodium chloride-calcium chloride and sodium chloride-magnesium chloride electrolytes using sodium amalgam electrodes [J]. J. Phys. Chem., 1967, 71 (13): 4479-4485.

[2] CHRISTENSON P G. Activity coefficients of HCl, NaCl, and KCl in several mixed electrolyte solutions at 25 ℃ [J]. J. Chem. Eng. Data, 1973, 18: 286-288.

[3] RAO N K, ANANTHASWAMY J. Thermodynamics of electrolyte-solutions. activity and osmotic coefficients of aqueous NaCl in the NaCl-MgCl$_2$-H$_2$O system at different temperatures by the EMF method [J]. Proceedings of the Indian Academy of Sciences-mathematical Sciences, 1989, 101 (5): 433-437.

[4] TISHCHENKO P Y. Activity-coefficients of sodium-chloride in NaCl-MgCl$_2$-H$_2$O solutions at different temperatures-application of Pitzer method [J]. Soviet Electrochemistry, 1991, 27: 1010-1015.

[5] HERNANDEZ-LUIS F, FERNANDEZ-MERIDA L, et al. Thermodynamic study of the NaCl + MgCl$_2$ + H$_2$O mixed system by emf measurements at different temperatures [J]. Ber. Bunsenges. Phys. Chem., 1997, 101: 1136-1145.

[6] CHAN K C, HA Z, CHOI M Y. Study of water activities of aerosols of mixtures of sodium and magnesium salts [J]. Atmos. Environ., 2000, 34: 4795-4803.

[7] PLATFORD R F. Isopiestic measurements on the system water-sodium chloride-magnesium chloride at 25 ℃ [J]. J. Phys. Chem., 1968, 72: 4053-4057.

[8] WU Y C, RUSH R M, SCATCHARD G. Osmotic and activity coefficients for binary mixtures of sodium chloride, sodium sulfate, magnesium sulfate, and magnesium chloride in water at 25 ℃. I. Isopiestic measurements on the four systems with common ions [J]. J. Phys. Chem., 1968, 72: 4048-4053.

[9] RARD J A, MILLER D G. Isopiestic determination of the osmotic and activity-coefficients of aqueous mixtures of NaCl and MgCl$_2$ at 25 ℃ [J]. J. Chem. Eng. Data, 1987, 32: 85-92.

[10] GIBBARD H F, GOSSMANN A F. Freezing points of electrolyte mixtures. I. Mixture of sodium chloride and magnesium chloride in water [J]. J. Solution Chem., 1974, 3 (5):

385-393.

[11] DINANE A, MOUNIR A. Water activities, osmotic and activity coefficients in aqueous mixtures of sodium and magnesium chlorides at 298. 15 K by hygrometric method [J]. Fluid Phase Equilibr. , 2003, 206: 13-25.

[12] GUENDOUZI M, AZOUGEN R, BENBIYI A. Thermodynamic properties of the mixed electrolyte systems {yMgCl₂+(1−y)NaCl} (aq) and {yMgCl₂+(1−y)CaCl₂} (aq) at 298. 15 K [J]. Calphad, 2005, 29: 114-124.

[13] ROBINSON R A, STOKES R H. A thermodynamic study of bivalent metal halides in aqueous solution. Part XV. Double chlorides of uni-and bivalent metals [J]. Trans. Faraday Soc. , 1945, 41: 752-756.

[14] KIRGINSTEV A N, LUKYANOV A V. Isopiestic investigation of ternary solutions. 7. ternary solutions LiCl-CsCl-H₂O, KCl-CsCl-H₂O, RuCl-CsCl-H₂O, KCl-CaCl₂-H₂O, KCl-MgCl₂-H₂O [J]. Zh. Fiz. Chim. , 1966, 40: 1280-1284.

[15] CHRISTENSON P G, GIESKES J M. Activity coefficients of KCl in several mixed electrolyte solutions at 25 ℃ [J]. J. Chem. Eng. Data, 1971, 16 (4): 398-400.

[16] PADOVA J, SAAD D. Thermodynamics of mixed electrolyte solutions. VIII. An isopiestic study of the ternary system KCl-MgCl₂-H₂O at 25 ℃ [J]. J. Solution Chem. , 1977, 6 (2): 57-71.

[17] KUSCHEL F, SEIDEL J. Osmotic and activity coefficients of aqueous K₂SO₄ MgSO₄ and KCl-MgCl₂ at 25 ℃ [J]. J. Chem. Eng. Data, 1985, 30: 440-445.

[18] MILADINOVIC J, NINKOVIC R, TODOROVIC M. Osmotic and activity coefficients of {yKCl+ (1−y)MgCl₂} at T=298. 15 K [J]. J. Solution Chem. , 2007, 36: 1401-1409.

[19] GHALAMI-CHOOBAR B, ARVAND M, MOGHIMI M, et al. Thermodynamic study of the ternary aqueous mixed electrolyte system [(1 − y) MgCl₂ + yKCl] by electromotive fore measurements [J]. Phys. Chem. Liq. , 2009, 47 (5): 553-563.

[20] LEIMBACH G, PFEIFFENBERG A. Quaternary system: Sodium nitrate-sodium sulfate-magnesium chloride-water from 0 to 100 ℃ [J]. Caliche, 1929, 11: 61-85.

[21] SIEVERTS A, MULLER H. The reciprocal salt pair MgCl₂, Na₂(NO₃)₂, H₂O [J]. Z. Anorg. Allg. Chem. , 1930, 189: 241-257.

[22] KURNAKOV N S, OSOKOREVA N A. Handbook of Experimental Data on Solubility of Multicomponent Water-Salt Systems, Vol. 1: Three-Component Systems, Book 2 [M]. 2nd ed. Zdanovskii A B, Solov'eva E F, Lyakhovskaya E I. Khimia: Leningrad, 1973: 285.

[23] MAJIMA K, TEJIMA M, OKA S. Natural Gas Brine. IV. Phase equilibriums in ternary systems MgCl₂-CaCl₂-H₂O and NaCl-MgCl₂-H₂O and a quaternary system NaCl-MgCl₂-CaCl₂-H₂O at 50 ℃ [J]. Bull. Soc. Sea Water Sci. Jpn. , 1969, 23: 113-117.

[24] ZDANOVSKII A B, SOLOV'EVA E F, LYAKHOVSKAYA E I. Handbook of Experimental Data on Solubility of Multicomponent Water-Salt Systems, Vol. 1: Three-Component Systems, Book 2 [M]. 2nd ed. Khimia: Leningrad, 1973: 297.

[25] YANG J, ZHANG R, LIU H, et al. Solid-liquid phase equilibria at 50 ℃ and 75 ℃ in the NaCl + MgCl₂ + H₂O system and the Pitzer model eepresentations [J]. Russ. J. Phys. Chem.

A, 2013, 87: 2195-2199.

[26] PRECHT H, WITTJEN B. Löslichkeit von salzgemischen der salze der alkalien und alkalischen erden bei verschiedener temperatur [J]. Ber. Dtsch. Chem. Ges. , 1881, 14: 1667-1675.

[27] UHLIG J. The solubility diagram of potassium chloride, magnesium chloride and water at 50 ℃ [J]. Centr. Min. Geol. , 1913, 417-422.

[28] KURNAKOV N S, OSOKOREVA N A. Handbook of Experimental Data on Solubility of Multicomponent Water-Salt Systems, Vol. 1: Three-Component Systems, Book 2 [M]. 2nd ed. Zdanovskii A B, Solov'eva E F, Lyakhovskaya E I. Khimia: Leningrad, 1973: 649.

[29] ZDANOVSKII A B, SOLOV'EVA E F, LYAKHOVSKAYA E I. Handbook of Experimental Data on Solubility of Multicomponent Water-Salt Systems, Vol. 1: Three-Component Systems, Book 2 [M]. 2nd ed. Khimia: Leningrad, 1973: 660.

[30] YANG J, PENG J, DUAN Y, et al. The phase diagrams and Pitzer model representations for the system $KCl + MgCl_2 + H_2O$ at 50 ℃ and 75 ℃ [J]. Russ. J. Phys. Chem. A, 2012, 86: 1930-1935.

[31] GRUSZKIEWICZ M S, SIMONSON J M. Vapor pressures and isopiestic molalities of concentrated $CaCl_2$ ( aq ), $CaBr_2$ ( aq ), and NaCl ( aq ) to $T = 523$ K [J]. J. Chem. Thermodyn. , 2005, 37: 906-930.

[32] ZENG D W, ZHOU H Y, VOIGT W. Thermodynamic consistency of the solubility and vapor pressure of a binary saturated salt + water system. II . $CaCl_2 + H_2O$ [J]. Fluid Phase Equilibr. , 2007, 253: 1-11.

[33] PITZER K S, CHRISTOPHER P J, BUSEY R H. Thermodynamic properties of aqueous sodium chloride solutions [J]. J. Phys. Chem. Ref. Data, 1984, 13: 1-102.

[34] PABALAN R T, PITZER K S. Thermodynamics of concentrated electrolyte mixtures and the prediction of mineral solubilities to high temperatures for mixtures in the system Na-K-Mg-Cl-$SO_4$-OH-$H_2O$ [J]. Geochim. Cosmochim. Acta, 1987, 51 (9): 2429-2443.

[35] BALAREW C, TEPAVITCHAROVA S, RABADJIEVA D, et al. Solubility and crystallization in the system $MgCl_2$-$MgSO_4$-$H_2O$ at 50 ℃ and 75 ℃ [J]. J. Solution Chem. , 2001, 30: 815-823.

[36] CHRISTOV C. Isopiestic determination of the osmotic coefficients of an aqueous $MgCl_2 + CaCl_2$ mixed solution at 25 ℃ and 50 ℃ . Chemical equilibrium model of solution behavior and solubility in the $MgCl_2 + H_2O$ and $MgCl_2 + CaCl_2 + H_2O$ systems to high concentration at ( 25 and 50) ℃ [J]. J. Chem. Eng. Data, 2009, 54: 627-635.

# 4 三元体系 Na(K)Cl-CaCl₂-H₂O 热力学性质的等压测定和模型研究

## 4.1 概　述

关于三元体系 NaCl-CaCl₂-H₂O 的热力学性质的研究已有报道，其中，An，Teng 和 Sangster[1] 在 1978 年报道了三元体系 NaCl-CaCl₂-H₂O 在 298. 15 K 的蒸汽压数据，并对过饱和 NaCl-H₂O 体系水溶液的水活度进行了预测。1981 年，Holmes 等人[2] 报道了三元体系 NaCl-CaCl₂-H₂O 在高温下的等压法研究结果，由于使用的 NaCl-H₂O 体系作为等压参考标准，实验研究的浓度较低。邓天龙等人[3] 报道了用等压法测定了三元体系 NaCl-CaCl₂-H₂O 在 308. 15 K 的水活度数据，文章报道了等压平衡浓度的离子强度从 0. 6524 ~ 16. 6631 mol/kg，计算了三元体系 NaCl-CaCl₂-H₂O 的渗透系数及饱和蒸汽压，给出了用测定的实验数据拟合了 308. 15 K 下氯化钠和氯化钙的二元纯盐 Pitzer 参数。对于 KCl-CaCl₂-H₂O 体系热力学性质的研究至今尚未见任何报道。

关于三元体系 NaCl-CaCl₂-H₂O 和 KCl-CaCl₂-H₂O 在不同温度下的溶解度的研究情况经过文献调研总结如下。关于三元体系 NaCl-CaCl₂-H₂O 在不同温度下的溶解度的研究已有诸多报道，从低温 233. 15 K 到高温 403. 15 K 的溶解度数据均有报道。仅仅在 323. 15 K 的溶解度就有 5 套不同的溶解度数据被报道。Pelling 和 Robertson[4] 就在 1923 年报道了该体系在 323. 15 K 的 NaCl 和 CaCl₂·2H₂O 的共饱点组成以及 NaCl 相区 4 组数据和 CaCl₂·2H₂O 的溶解度。1927 年，Pelling[5] 报道了三元体系 NaCl-CaCl₂-H₂O 包括共饱点在内的共 4 组实验数据。1940 年，Luk'yanova 和 Shoikhet[6] 报道了该体系在 323. 15 K 的 NaCl 和 CaCl₂·2H₂O 的共饱点组成及 NaCl 相区 3 组数据和 CaCl₂·2H₂O 的溶解度，他们报道的 NaCl 和 CaCl₂·2H₂O 的共饱点组成与 Pelling 等人报道的共饱点组成有一定差别。1948 年，Assarsson[7] 在其著作中研究了该体系在 323. 15 K 的 NaCl 和 CaCl₂·2H₂O 的共饱点组成，以及 NaCl 相区 7 组数据和 CaCl₂·2H₂O 的溶解度，Assarsson 报道的 NaCl 和 CaCl₂·2H₂O 的共饱点组成在 Pelling 和 Luk'yanova 等报道的组成之间。后来，Assarsson[8] 又报道了该体系 NaCl 和 CaCl₂·2H₂O 的共饱点及两个单盐溶解度 3 组数据。

针对 323.15 K 下三元体系 KCl-CaCl$_2$-H$_2$O 的溶解度的研究，目前一共有 3 套溶解度数据被报道。Luk'yanova 和 Shoikhet[6] 报道了该体系在 323.15 K 的 KCl 和 CaCl$_2$·2H$_2$O 的共饱点组成及 KCl 相区 3 组数据和 CaCl$_2$·2H$_2$O 相区的 2 组数据。后来，Assarsson[9] 报道了三元体系 KCl-CaCl$_2$-H$_2$O 在 323.15 K 下 19 组溶解度数据，并且首次报道了复盐 KCl·CaCl$_2$ 的溶解度，另外还报道了两个共饱点 KCl 与复盐 KCl·CaCl$_2$ 及 CaCl$_2$·2H$_2$O 与复盐 KCl·CaCl$_2$ 的组成，复盐 KCl·CaCl$_2$ 的发现尚属首次。1959 年，Bergman 和 Kuznetsova[10] 也报道了三元体系 KCl-CaCl$_2$-H$_2$O 在 323.15 K 时的 16 组数据，他们报道的数据中只包含一个复盐 α-KCl·CaCl$_2$ 和 CaCl$_2$·2H$_2$O 的共饱点，Bergman 和 Kuznetsova 报道的 α-KCl·CaCl$_2$ 与 Assarsson 文中报道的 KCl·CaCl$_2$ 有所不同，因此以 α-表示，另外 Bergman 和 Kuznetsova 在报道中没有 KCl 与 α-KCl·CaCl$_2$ 的共饱点数据。

综上所述，针对上述体系的溶解度的报道，全部都是针对某一特定温度下的研究结果，这些对于需要高低温的重结晶方法的使用还不够全面。因此，要想全方位地更好地认识这些体系在高低温下的溶解度性质，还需要热力学模型的帮助，增进对这些体系中各种盐类溶解行为的理解。本书使用作者所在课题组自行设计制作的水盐体系高温水活度性质的测试系统对 Na(K)Cl-CaCl$_2$-H$_2$O 体系 323.15 K 下的水活度进行实验测定，并通过热力学模型进行模拟计算溶解度相图，评估文献报道的溶解度数据的准确性。

# 4.2 三元体系 Na(K)Cl-CaCl$_2$-H$_2$O 热力学性质的等压研究

测定体系 Na(K)Cl-CaCl$_2$-H$_2$O 热力学性质的等压实验仪器和设备，所用到的试剂和溶液，混合储备液的配制方法，以及等压实验的方法和步骤与第 2 章中描述的相同，此处不再赘述。

## 4.2.1 NaCl-CaCl$_2$-H$_2$O 体系等压研究

本工作利用等压法测定了三元体系 NaCl-CaCl$_2$-H$_2$O 在 323.15 K 下的水活度数据。等压法测定的 323.15 K 时三元体系 NaCl-CaCl$_2$-H$_2$O 的水活度结果列于表 4-1，表 4-1 中编号表示实验进行的第几批等压实验数据，其中最上面那行表示参考溶液的浓度和水活度，在稀浓度时采用两个参考溶液，在高浓度区氯化钠已饱和，采用氯化钙做参考溶液，而下面那几行分别表示与参考溶液等蒸汽压（等水活度）时溶液中 NaCl、CaCl$_2$ 的质量摩尔浓度。

**表 4-1 NaCl-CaCl$_2$-H$_2$O 体系 323.15 K 下水活度数据实验结果[①]**

| 编号 | $m_{NaCl}$/mol·kg$^{-1}$ | $m_{CaCl_2}$/mol·kg$^{-1}$ | 编号 | $m_{NaCl}$/mol·kg$^{-1}$ | $m_{CaCl_2}$/mol·kg$^{-1}$ |
|---|---|---|---|---|---|
| 1 | $m_{CaCl_2}=0.3984$ | $a_w=0.9814$ | 4 | 0.9961 | 1.1112 |
| | $m_{NaCl}=0.5648$ | $a_w=0.9813$ | | 1.6837 | 0.7170 |
| | 0 | 0.3984 | | 2.4520 | 0.2790 |
| | 0.0408 | 0.3709 | | 2.9406 | 0 |
| | 0.1306 | 0.3081 | 5 | $m_{CaCl_2}=2.4684$ | $a_w=0.8180$ |
| | 0.2198 | 0.2452 | | $m_{NaCl}=4.7125$ | $a_w=0.8191$ |
| | 0.3541 | 0.1508 | | 0 | 2.4684 |
| | 0.4889 | 0.0556 | | 0.2568 | 2.3329 |
| | 0.5648 | 0 | | 0.8553 | 2.0179 |
| 2 | $m_{CaCl_2}=0.6418$ | $a_w=0.9684$ | | 1.5040 | 1.6778 |
| | $m_{NaCl}=0.9585$ | $a_w=0.9680$ | | 2.5953 | 1.1052 |
| | 0 | 0.6418 | | 3.8724 | 0.4406 |
| | 0.0660 | 0.5992 | | 4.7125 | 0 |
| | 0.2123 | 0.5009 | 6 | $m_{CaCl_2}=3.0757$ | $a_w=0.7511$ |
| | 0.3605 | 0.4021 | | 0 | 3.0757 |
| | 0.5843 | 0.2488 | | 0.3211 | 2.9165 |
| | 0.8183 | 0.0931 | | 1.0770 | 2.5409 |
| | 0.9585 | 0 | | 1.9091 | 2.1298 |
| 3 | $m_{CaCl_2}=0.9267$ | $a_w=0.9510$ | | 3.3383 | 1.4215 |
| | $m_{NaCl}=1.4556$ | $a_w=0.9506$ | | 5.0574 | 0.5755 |
| | 0 | 0.9267 | 7 | $m_{CaCl_2}=4.6422$ | $a_w=0.5638$ |
| | 0.0958 | 0.8699 | | 0 | 4.6422 |
| | 0.3096 | 0.7305 | | 0.4886 | 4.4379 |
| | 0.5302 | 0.5915 | 8 | $m_{CaCl_2}=4.9333$ | $a_w=0.5305$ |
| | 0.8686 | 0.3699 | | 0 | 4.9333 |
| | 1.2324 | 0.1402 | | 0.0438 | 4.9148 |
| | 1.4556 | 0 | 9 | $m_{CaCl_2}=7.4987$ | $a_w=0.3189$ |
| 4 | $m_{CaCl_2}=1.6824$ | $a_w=0.8931$ | | 0 | 7.4987 |
| | $m_{NaCl}=2.9406$ | $a_w=0.8940$ | | 0.0663 | 7.4428 |
| | 0 | 1.6824 | 10 | $m_{CaCl_2}=8.7099$ | $a_w=0.2596$ |
| | 0.1742 | 1.5825 | | 0 | 8.7099 |
| | 0.5735 | 1.3532 | | 0.0775 | 8.6975 |

| 编号 | $m_{NaCl}$/mol·kg$^{-1}$ | $m_{CaCl_2}$/mol·kg$^{-1}$ | 编号 | $m_{NaCl}$/mol·kg$^{-1}$ | $m_{CaCl_2}$/mol·kg$^{-1}$ |
|---|---|---|---|---|---|
| 11 | $m_{CaCl_2}=10.5967$ | $a_w=0.1937$ | 12 | $m_{CaCl_2}=11.3161$ | $a_w=0.1739$ |
| | 0 | 10.5967 | | 0 | 11.3161 |
| | 0.0944 | 10.5863 | | 0.1008 | 11.3097 |

① 根据 CaCl$_2$-H$_2$O 的参考文献 [11]、[12] 和 NaCl-H$_2$O 参考文献 [13] 计算得到的 $a_w$ 数据。

　　在进行每一批的等压测定实验达到平衡后，等压箱内所有溶液的水活度都是相等的，本书选择 CaCl$_2$-H$_2$O 体系作为等压参考标准溶液。在此实验过程中，CaCl$_2$ 既是等压参考标准，也是等压实验溶液。在低浓度的情况下同时采用 NaCl-H$_2$O 作为等压参考。每一批等压实验中，每个待测样品和参考溶液都是采用两个平行样，平行样之间浓度的相对误差小于 0.3%，表 4-1 中所列的浓度都为两个平行样之间的平均值。

　　为了便于更加清楚地比较，本书将等压实验测定的 323.15 K 时三元体系 NaCl-CaCl$_2$-H$_2$O 的实验结果进行局部放大，如图 4-1 中的局部放大图所示。由图 4-1 可知，三元体系 NaCl-CaCl$_2$-H$_2$O 中所有的等压组成点连线在从低浓度到中等浓度都几乎是一条直线，并且遵从 Zdanovskii 规则。但是随着 NaCl 浓度的增加，等压线又很明显向下，但在 CaCl$_2$ 浓度较高时，等压线逐渐变成了几乎水平不再朝向下方，表示 CaCl$_2$ 溶液的水活度随着 NaCl 浓度的增加而降低，但是到 CaCl$_2$ 浓度较高时水活度随着 NaCl 浓度的增加变化很小。

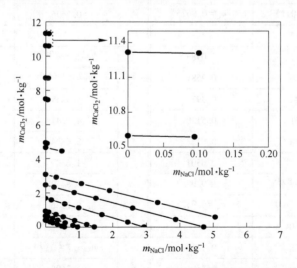

图 4-1　323.15 K 时 NaCl-CaCl$_2$-H$_2$O 体系等压实验点和等水活度图

(图中虚线代表 Zdanovskii 规则线，实线连接的实心圆代表本书的实验值)

## 4.2.2 KCl-CaCl₂-H₂O 体系等压研究

利用等压法测定了三元体系 KCl-CaCl₂-H₂O 在 323.15 K 下的水活度数据。等压测定的 323.15 K 时三元体系 KCl-CaCl₂-H₂O 的水活度结果列于表 4-2。表中每一大行代表一批等压实验，编号表示第几批等压实验数据，其中最上面那行表示参考溶液的浓度和水活度，而下面那行分别表示 KCl、CaCl₂ 的摩尔浓度。图 4-2 所示为根据表 4-2 中测定的 16 组等压实验数据绘制的三元体系 KCl-CaCl₂-H₂O 的等压实验点和等水活度线图。

**表 4-2  KCl-CaCl₂-H₂O 体系 323.15 K 下水活度数据实验结果[①]**

| 编号 | $m_{KCl}$/mol·kg⁻¹ | $m_{CaCl_2}$/mol·kg⁻¹ | 编号 | $m_{KCl}$/mol·kg⁻¹ | $m_{CaCl_2}$/mol·kg⁻¹ |
|---|---|---|---|---|---|
| 1 | $m_{CaCl_2}=0.3610$ | $a_w=0.9832$ | | 0.3110 | 0.7147 |
| | $m_{KCl}=0.5249$ | $a_w=0.9831$ | 3 | 0.0895 | 0.8448 |
| | 0.5249 | 0 | | 0 | 0.8935 |
| | 0.4516 | 0.0514 | | $m_{CaCl_2}=1.4864$ | $a_w=0.9097$ |
| | 0.3296 | 0.1368 | | $m_{KCl}=2.7456$ | $a_w=0.9104$ |
| | 0.2175 | 0.2137 | | 2.7455 | 0 |
| | 0.1216 | 0.2794 | 4 | 2.2957 | 0.2612 |
| | 0.0358 | 0.3379 | | 1.5862 | 0.6582 |
| | 0 | 0.3610 | | 0.9956 | 0.9780 |
| 2 | $m_{CaCl_2}=0.6501$ | $a_w=0.9680$ | | 0.5308 | 1.2199 |
| | $m_{KCl}=1.0115$ | $a_w=0.9676$ | | 0.1496 | 1.4131 |
| | 1.0115 | 0 | | 0 | 1.4864 |
| | 0.8641 | 0.0983 | | $m_{CaCl_2}=2.2985$ | $a_w=0.8354$ |
| | 0.6220 | 0.2581 | | $m_{KCl}=4.9059$ | $a_w=0.8364$ |
| | 0.4044 | 0.3973 | | 4.9059 | 0 |
| | 0.2231 | 0.5128 | 5 | 4.0241 | 0.4578 |
| | 0.0648 | 0.6123 | | 2.6834 | 1.1134 |
| | 0 | 0.6501 | | 1.6307 | 1.6018 |
| 3 | $m_{CaCl_2}=0.8935$ | $a_w=0.9532$ | | 0.8472 | 1.9470 |
| | $m_{KCl}=1.4700$ | $a_w=0.9527$ | | 0.2336 | 2.2059 |
| | 1.4700 | 0 | | 0 | 2.2985 |
| | 1.2468 | 0.1419 | | $m_{CaCl_2}=2.7614$ | $a_w=0.7865$ |
| | 0.8870 | 0.3681 | 6 | 3.3698 | 1.3983 |
| | 0.5696 | 0.5596 | | 2.0142 | 1.9786 |

| 编号 | $m_{KCl}/mol \cdot kg^{-1}$ | $m_{CaCl_2}/mol \cdot kg^{-1}$ | 编号 | $m_{KCl}/mol \cdot kg^{-1}$ | $m_{CaCl_2}/mol \cdot kg^{-1}$ |
|---|---|---|---|---|---|
| | 1.0323 | 2.3723 | | 0.3270 | 6.5331 |
| 6 | 0.2817 | 2.6603 | 11 | 0.1713 | 6.5455 |
| | 0 | 2.7614 | | 0 | 6.5561 |
| | $m_{CaCl_2}=4.0962$ | $a_w=0.6289$ | | $m_{CaCl_2}=7.5931$ | $a_w=0.3136$ |
| | 1.5966 | 3.6692 | | 0 | 7.5931 |
| | 0.9652 | 3.8557 | 12 | 0.1989 | 7.5979 |
| 7 | 0.4224 | 3.9888 | | 0.3807 | 7.6064 |
| | 0.2030 | 4.0561 | | 0.8070 | 7.6199 |
| | 0.1069 | 4.0849 | | $m_{CaCl_2}=7.7516$ | $a_w=0.3050$ |
| | 0 | 4.0962 | 13 | 0 | 7.7516 |
| | $m_{CaCl_2}=4.3939$ | $a_w=0.5931$ | | 0.2031 | 7.7578 |
| | 1.0371 | 4.1430 | | 0.3883 | 7.7594 |
| | 0.4536 | 4.2832 | | $m_{CaCl_2}=8.8792$ | $a_w=0.2526$ |
| 8 | 0.2172 | 4.3406 | | 0 | 8.8792 |
| | 0.1142 | 4.3639 | 14 | 0.2331 | 8.9051 |
| | 0 | 4.3939 | | 0.4468 | 8.9288 |
| | $m_{CaCl_2}=5.6570$ | $a_w=0.4560$ | | 0.9514 | 8.9831 |
| | 0.5911 | 5.5813 | | $m_{CaCl_2}=10.6654$ | $a_w=0.1918$ |
| 9 | 0.2814 | 5.6232 | | 0 | 10.6654 |
| | 0.1476 | 5.6374 | 15 | 0.2806 | 10.7206 |
| | 0 | 5.6570 | | 0.5389 | 10.7693 |
| | $m_{CaCl_2}=6.3224$ | $a_w=0.3978$ | | 1.1524 | 10.8813 |
| | 0.6652 | 6.2811 | | $m_{CaCl_2}=11.3585$ | $a_w=0.1732$ |
| 10 | 0.3150 | 6.2943 | | 0 | 11.3585 |
| | 0.1652 | 6.3112 | 16 | 0.2990 | 11.4243 |
| | 0 | 6.3224 | | 0.5742 | 11.4743 |
| | $m_{CaCl_2}=6.5561$ | $a_w=0.3799$ | | 1.2302 | 11.6164 |
| 11 | 0.6909 | 6.5237 | | | |

① 根据 CaCl$_2$-H$_2$O 的参考文献 [11]、[12] 和 KCl-H$_2$O 的参考文献 [14] 计算得到的 $a_w$ 数据。

　在进行每一批的等压测定实验达到平衡后，等压箱内所有溶液的水活度都是相等的，本书中选择 CaCl$_2$-H$_2$O 体系作为等压参考标准溶液。在此实验过程中，CaCl$_2$ 既是等压参考标准，也是等压实验溶液。在低浓度的情况下同时采用 KCl-

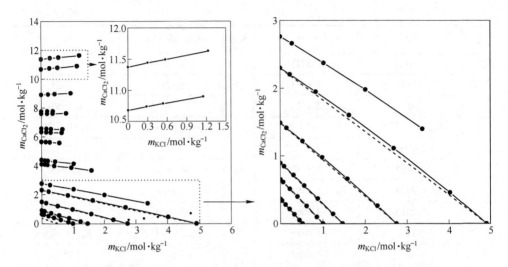

图 4-2　323.15 K 时 KCl-CaCl$_2$-H$_2$O 体系等压实验点和等水活度图

(图中虚线代表 Zdanovskii 规则线，实线连接的实心圆代表本书的实验值)

H$_2$O 作为等压参考。每一批等压实验中，每个待测样品和参考溶液都是采用两个平行样，平行样之间浓度的相对误差小于 0.3%，表 4-2 中所列的浓度都为两个平行样之间的平均值。

由图 4-2 可知，与图 4-1 中表示的三元体系 NaCl-CaCl$_2$-H$_2$O 的情况不太相同，三元体系 KCl-CaCl$_2$-H$_2$O 中所有的等压组成点连线并不是直线，非常明显地随着离子强度的升高偏离于 Zdanovskii 规则越厉害。同时，我们也发现等压组成线在 CaCl$_2$ 浓度较稀到中等浓度，随着 KCl 浓度的增加等压线朝向下方；当 CaCl$_2$ 浓度较高时，随着 KCl 浓度的增加等压线由朝向下方变为水平甚至朝向上方。这个转变点发生在氯化钙的浓度 $m_{CaCl_2} = 7.0 \sim 8.0$ mol/kg（$n_{H_2O} : n_{Ca^{2+}} = 7 \sim 8$）之间。上述等压线的这种变化趋势表明，CaCl$_2$ 溶液的水活度随着 KCl 浓度的增加既可以降低也可以升高，不同的 CaCl$_2$ 溶液的浓度随着 KCl 的加入可以导致水活度向相反方向变化。

CaCl$_2$ 溶液的水活度随着 KCl 浓度的增加而降低是很容易让人理解的，但是在氯化钙的浓度很高时，CaCl$_2$ 溶液的水活度随着 KCl 浓度的增加而升高却比较反常，这种现象在一定程度上必定代表着混合溶液中溶液结构的变化。这种反常现象我们从一些文献报道中寻找到了一些相关线索，Pitzer[15] 和 Rard[16] 曾报道，在高浓度 CaCl$_2$ 水溶液中可能存在物种 $CaCl_x(H_2O)_y^{(2-x)+}$，那么我们猜想 KCl 的加入可能是通过 K$^+$ 在溶液中结合自由水分子从而导致了溶液水活度的降低。同时，KCl 还可以通过 Cl$^-$ 的加入来取代溶液中 Ca$^{2+}$ 的第一配位层的结合水分子从而释放了第一配位层的水分子使水活度升高。当 CaCl$_2$ 水溶液浓度不是很高时，前者 K$^+$ 在溶液中结合自由水分子从而导致了溶液水活度的降低更加占优；反之，当 CaCl$_2$ 水溶液浓度很高时，后者 Cl$^-$ 的加入来取代溶液中 Ca$^{2+}$ 的第一配位层的结合水分子更加占优。这两种对水活度造成影响的方式在不同条件下各占优势，造就了三元体系 KCl-CaCl$_2$-H$_2$O 中等压线的这种奇异现象。

# 4.3 Na(K)Cl-CaCl$_2$-H$_2$O 体系热力学模型研究

与其他模型相比，Pitzer-Simonson-Clegg 模型在描述高溶解度的水盐体系热力学性质方面，具有其独特的优势。本书前面的工作用 Pitzer-Simonson-Clegg 模型处理过包含 CaCl$_2$ 体系的多元电解质溶液体系。因此，对于三元体系 NaCl-CaCl$_2$-H$_2$O 和 KCl-CaCl$_2$-H$_2$O 及其子体系，本章仍然选用 Pitzer-Simonson-Clegg 模型来描述它们的热力学性质。

## 4.3.1 Pitzer-Simonson-Clegg 模型二元参数

Pitzer-Simonson-Clegg（PSC）方程关于单一电解质水溶液水的活度系数[17-18]$f_1$ 表达式如下：

$$
\begin{aligned}
\ln f_1 =\ & 2A_x I_x^{3/2}/(1 + \rho I_x^{1/2}) - x_M x_X B_{MX}\exp(-\alpha_{MX} I_x^{1/2}) - x_M x_X B_{MX}^1 \exp(-\alpha_{MX}^1 I_x^{1/2}) - \\
& x_N x_X B_{NX}\exp(-\alpha_{NX} I_x^{1/2}) - x_N x_X B_{NX}^1 \exp(-\alpha_{NX}^1 I_x^{1/2}) - 2x_M x_N(v_{MN} + I_x v'_{MN}) + \\
& (1 - x_1)\frac{1}{F}[E_M(Z_M + z_X)/(z_M z_X)W_{1,MX} + E_N(z_N + z_X)/(z_N z_X)W_{1,NX}] + \\
& (1 - 2x_1)x_X[x_M(z_M + z_X)^2/(z_M z_X)U_{1,MX} + x_N(z_N + z_X)^2/(z_N z_X)U_{1,NX}] + \\
& 4x_1(2 - 3x_1)x_X(x_M V_{1,MX} + x_N V_{1,NX}) - 2x_M x_N W_{MNX} - 4x_M x_N(x_M/v_{M(X)} - \\
& x_N/v_{N(X)})U_{MNX} + 4(1 - 2x_1)x_M x_N Q_{1,MNX}
\end{aligned}
\tag{4-1}
$$

式中，$\rho = 2150(d_1/DT)^{1/2}$；$x_I = x_M + x_X = 1 - x_1$；$A_x$ 为 Debye-Hückel 参数；$I_x$ 为以摩尔分数为基准的离子强度；$x_X$ 和 $x_M$ 分别为阴离子和阳离子的摩尔分数；$x_1$ 为水的摩尔分数；$d_1$ 为溶剂水的密度；$D$ 为溶剂水的介电常数；$T$ 为热力学温度；$B_{MX}$，$B_{MX}^1$，$W_{1,MX}$，$U_{1,MX}$ 和 $V_{1,MX}$ 分别为 PSC 模型二元参数；$W_{MNX}$、$Q_{1,MNX}$ 和 $U_{MNX}$ 分别为 PSC 模型三元参数。

对于 NaCl-H$_2$O 体系的 PSC 模型二元参数，本书将文献 [13] 报道的水活度重新使用 PSC 模型进行拟合得到，结果列于表 4-3。

表 4-3　323.15 K 体系 NaCl-H$_2$O、KCl-H$_2$O 和 CaCl$_2$-H$_2$O 二元 PSC 模型参数

| 溶质 | $\alpha_{MX}$ | $B_{MX}$ | $\alpha_{MX}^1$ | $B_{MX}^1$ | $W_{1,MX}$ | $U_{1,MX}$ | $V_{1,MX}$ | 数据来源 |
|------|------|------|------|------|------|------|------|------|
| CaCl$_2$ | 13 | 873.1586 | 2.0 | -548.0129 | -40.0831 | 25.9625 | 14.7228 | 文献 [19] |

| 溶质 | $\alpha_{MX}$ | $B_{MX}$ | $\alpha^1_{MX}$ | $B^1_{MX}$ | $W_{1,MX}$ | $U_{1,MX}$ | $V_{1,MX}$ | 数据来源 |
|---|---|---|---|---|---|---|---|---|
| NaCl | 13 | 14.1714 | 0 | 0 | -6.7190 | -5.8725 | 1.1035 | 本书工作 |
| KCl | 13 | 5.3847 | 0 | 0 | -2.7595 | -1.3749 | 0 | 本书工作 |

对于 KCl-H$_2$O 体系的 PSC 模型二元参数，本书将文献 [14] 报道的水活度重新使用 PSC 模型进行拟合得到，结果列于表 4-3。

对于 CaCl-H$_2$O 体系的 PSC 模型二元参数，本书直接选取作者以前工作[19]中报道的参数，结果一并列于表 4-3。

利用上述 NaCl-H$_2$O 和 KCl-H$_2$O 体系二元 PSC 模型参数（见表 4-3），我们分别回算了这两个二元体系 323.15 K 时的水活度，并将等压测定的实验值和回算的数据进行了比较，分别如图 4-3 所示。从图 4-3 中可以看出，用拟合得到的二元参数的 PSC 模型计算的 323.15 K 时的水活度数据与本实验等压测定的结果和文献报道的结果一致，证明此套二元 PSC 模型参数能够成功地描述 NaCl-H$_2$O 和 KCl-H$_2$O 体系在 323.15 K 的水活度性质。

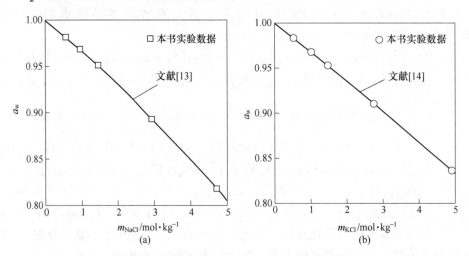

图 4-3　MCl-H$_2$O(M = Na, K)体系 323.15 K 下水活度实验值与计算值对比图

### 4.3.2　三元体系 NaCl-CaCl$_2$-H$_2$O 混合参数及溶解度计算

首先，把三元体系 NaCl-CaCl$_2$-H$_2$O 的 PSC 模型三元混合参数设为零，即：$W_{MNX} = Q_{1,MNX} = U_{MNX} = 0$，仅用二元 PSC 模型参数直接预测 323.15 K 时三元体系 NaCl-CaCl$_2$-H$_2$O 的水活度及等温溶解度。仅用二元 PSC 模型参数预测获得的 323.15 K 时三元体系 NaCl-CaCl$_2$-H$_2$O 的水活度及其与我们等压实验测定的数据

偏差见表 4-4。从表中可以看出，仅用二元参数预测的 323.15 K 时三元体系 NaCl-CaCl$_2$-H$_2$O 的水活度与实验值的标准偏差较小仅为 0.0021。

**表 4-4 PSC 模型计算的 NaCl-CaCl$_2$-H$_2$O 体系 323.15 K 时的水活度及其与实验值的比较**

| $m_{NaCl}$ /mol · kg$^{-1}$ | $m_{CaCl_2}$ /mol · kg$^{-1}$ | $a_w$ | | | | 偏差 | | |
|---|---|---|---|---|---|---|---|---|
| | | 实验值 | 计算值 1[①] | 计算值 2[②] | 计算值 3[③] | 偏差 1[④] | 偏差 2[⑤] | 偏差 3[⑥] |
| 0 | 0.3984 | 0.9813 | 0.9783 | 0.9783 | 0.9783 | 0.0030 | 0.0030 | 0.0030 |
| 0.0408 | 0.3709 | 0.9813 | 0.9781 | 0.9781 | 0.9780 | 0.0032 | 0.0032 | 0.0033 |
| 0.1306 | 0.3081 | 0.9813 | 0.9779 | 0.9781 | 0.9779 | 0.0034 | 0.0032 | 0.0034 |
| 0.2198 | 0.2452 | 0.9813 | 0.9780 | 0.9783 | 0.9779 | 0.0033 | 0.003 | 0.0034 |
| 0.3541 | 0.1508 | 0.9813 | 0.9787 | 0.9789 | 0.9786 | 0.0026 | 0.0024 | 0.0027 |
| 0.4889 | 0.0556 | 0.9813 | 0.9801 | 0.9802 | 0.9800 | 0.0012 | 0.0011 | 0.0013 |
| 0.5648 | 0 | 0.9813 | 0.9813 | 0.9813 | 0.9813 | 0 | 0 | 0 |
| 0 | 0.6418 | 0.9680 | 0.9665 | 0.9665 | 0.9665 | 0.0015 | 0.0015 | 0.0015 |
| 0.066 | 0.5992 | 0.9680 | 0.9659 | 0.9661 | 0.9658 | 0.0021 | 0.0019 | 0.0022 |
| 0.2123 | 0.5009 | 0.9680 | 0.9650 | 0.9654 | 0.9648 | 0.0030 | 0.0026 | 0.0032 |
| 0.3605 | 0.4021 | 0.9680 | 0.9644 | 0.9650 | 0.9642 | 0.0036 | 0.0030 | 0.0038 |
| 0.5843 | 0.2488 | 0.9680 | 0.9647 | 0.9653 | 0.9645 | 0.0033 | 0.0027 | 0.0035 |
| 0.8183 | 0.0931 | 0.9680 | 0.9663 | 0.9665 | 0.9661 | 0.0017 | 0.0015 | 0.0019 |
| 0.9585 | 0 | 0.9680 | 0.9680 | 0.9680 | 0.9680 | 0 | 0 | 0 |
| 0 | 0.9267 | 0.9506 | 0.9521 | 0.9521 | 0.9521 | −0.0015 | −0.0015 | −0.0015 |
| 0.0958 | 0.8699 | 0.9506 | 0.9509 | 0.9511 | 0.9507 | −0.0003 | −0.0005 | −0.0004 |
| 0.3096 | 0.7305 | 0.9506 | 0.9492 | 0.9499 | 0.9488 | 0.0014 | 0.0007 | 0.0018 |
| 0.5302 | 0.5915 | 0.9506 | 0.9477 | 0.9487 | 0.9471 | 0.0029 | 0.0019 | 0.0035 |
| 0.8686 | 0.3699 | 0.9506 | 0.9473 | 0.9482 | 0.9467 | 0.0033 | 0.0024 | 0.0039 |
| 1.2324 | 0.1402 | 0.9506 | 0.9485 | 0.9490 | 0.9482 | 0.0021 | 0.0016 | 0.0024 |
| 1.4556 | 0 | 0.9506 | 0.9506 | 0.9506 | 0.9506 | 0 | 0 | 0 |
| 0 | 1.6824 | 0.8941 | 0.8992 | 0.8992 | 0.8992 | −0.0051 | −0.0051 | −0.0051 |
| 0.1742 | 1.5825 | 0.8941 | 0.8981 | 0.8986 | 0.8976 | −0.0040 | −0.0045 | −0.0035 |
| 0.5735 | 1.3532 | 0.8941 | 0.8959 | 0.8970 | 0.8945 | −0.0018 | −0.0029 | −0.0004 |
| 0.9961 | 1.1112 | 0.8941 | 0.8938 | 0.8954 | 0.8918 | 0.0003 | −0.0013 | 0.0023 |
| 1.6837 | 0.7170 | 0.8941 | 0.8918 | 0.8934 | 0.8896 | 0.0023 | 0.0007 | 0.0045 |
| 2.4521 | 0.2790 | 0.8941 | 0.8920 | 0.8929 | 0.8908 | 0.0021 | 0.0012 | 0.0033 |
| 2.9407 | 0 | 0.8941 | 0.8943 | 0.8943 | 0.8943 | −0.0002 | −0.0002 | −0.0002 |
| 0 | 2.4684 | 0.8190 | 0.8198 | 0.8198 | 0.8198 | −0.0008 | −0.0008 | −0.0008 |

| $m_{NaCl}$ /mol·kg$^{-1}$ | $m_{CaCl_2}$ /mol·kg$^{-1}$ | $a_w$ | | | | 偏差 | | |
|---|---|---|---|---|---|---|---|---|
| | | 实验值 | 计算值 1[①] | 计算值 2[②] | 计算值 3[③] | 偏差 1[④] | 偏差 2[⑤] | 偏差 3[⑥] |
| 0.2568 | 2.3329 | 0.8190 | 0.8198 | 0.8200 | 0.8188 | -0.0008 | -0.001 | 0.0002 |
| 0.8553 | 2.0179 | 0.8190 | 0.8197 | 0.8202 | 0.8168 | -0.0007 | -0.0012 | 0.0022 |
| 1.504 | 1.6778 | 0.8190 | 0.8193 | 0.8199 | 0.8152 | -0.0003 | -0.0009 | 0.0038 |
| 2.5953 | 1.1052 | 0.8190 | 0.8188 | 0.8190 | 0.8141 | 0.0002 | 0 | 0.0049 |
| 3.8724 | 0.4406 | 0.8190 | 0.8184 | 0.8182 | 0.8156 | 0.0006 | 0.0008 | 0.0034 |
| 4.7125 | 0 | 0.8190 | 0.8193 | 0.8193 | 0.8193 | -0.0003 | -0.0003 | -0.0003 |
| 0.3211 | 2.9165 | 0.7511 | 0.749 | 0.7488 | 0.7476 | 0.0021 | 0.0023 | 0.0035 |
| 1.0770 | 2.5409 | 0.7511 | 0.7512 | 0.7503 | 0.7471 | -0.0001 | 0.0008 | 0.0040 |
| 1.9091 | 2.1298 | 0.7511 | 0.7528 | 0.7510 | 0.7467 | -0.0017 | 0.0004 | 0.0044 |
| 3.3383 | 1.4215 | 0.7511 | 0.7541 | 0.7512 | 0.7471 | -0.0030 | -0.0004 | 0.0040 |
| 5.0574 | 0.5755 | 0.7511 | 0.7527 | 0.7503 | 0.7484 | -0.0016 | 0.0008 | 0.0027 |
| 0.4886 | 4.4379 | 0.5638 | 0.5637 | 0.5615 | 0.5613 | 0.0001 | 0.0023 | 0.0025 |
| 0.0438 | 4.9148 | 0.5305 | 0.5301 | 0.5298 | 0.5298 | 0.0004 | 0.0007 | 0.0007 |
| 0.0663 | 7.4428 | 0.3189 | 0.3229 | 0.3224 | 0.3226 | -0.0040 | -0.0035 | -0.0037 |
| 0.0775 | 8.6975 | 0.2596 | 0.2586 | 0.258 | 0.2583 | 0.0010 | 0.0016 | 0.0013 |
| 0.0944 | 10.5863 | 0.1937 | 0.1937 | 0.1929 | 0.1934 | 0 | 0.0008 | 0.0003 |
| 0.1008 | 11.3097 | 0.1739 | 0.1760 | 0.1752 | 0.1757 | -0.0021 | -0.0013 | -0.0018 |
| $\sigma$[⑦] | | | | | | 0.0021 | 0.0019 | 0.0032 |

① 计算值 1：只使用纯盐参数计算的水活度值。

② 计算值 2：使用纯盐参数和水活度数据拟合的三元混合参数计算的水活度值。

③ 计算值 3：使用纯盐参数和水活度与溶解度数据[26-29]—起拟合的三元混合参数计算的水活度值。

④ 偏差 1 = $a_w$(实验值) - $a_w$(计算值 1)。

⑤ 偏差 2 = $a_w$(实验值) - $a_w$(计算值 2)。

⑥ 偏差 3 = $a_w$(实验值) - $a_w$(计算值 3)。

⑦ 标准偏差 $\sigma = \sqrt{\dfrac{1}{n}\sum\limits_{i=1}^{n}\left[a_w(实验值) - a_w(计算值)\right]^2}$。

　　仅用 PSC 模型二元参数（见表 4-3）和溶解度参数（见表 4-5），本书预测了 323.15 K 时三元体系 NaCl-CaCl$_2$-H$_2$O 的溶解度等温线，计算的结果如图 4-4（点线）所示。从图 4-4 中可以看出，预测的溶解度等温线与文献 [4]-[8] 报道的溶解度数据偏差均较大。

**表 4-5　323.15 K 体系 MCl-CaCl₂-H₂O（M＝Na，K） 中盐的溶解度参数**

| 盐 | $\ln K_{sp}^{\ominus}$ | 数据来源 |
|---|---|---|
| $CaCl_2 \cdot 2H_2O$ | 4.6054 | 本书工作 |
| $KCl \cdot CaCl_2$ | 1.5485 | 本书工作 |
| KCl | −5.5637 | 本书工作 |
| NaCl | −4.2991 | 本书工作 |

■ NaCl,文献[4]、[5]，▪ NaCl,文献[6]，▲ NaCl,文献[8]；◆ NaCl,文献[7]，□ NaCl+CaCl₂·2H₂O, 文献[4]、[5]；◗ NaCl+CaCl₂·2H₂O,文献[6]，▲ NaCl+CaCl₂·2H₂O,文献[8]；◇ NaCl+CaCl₂·2H₂O, 文献[7]；□ CaCl₂·2H₂O,文献[4]、[5]；○ CaCl₂·2H₂O,文献[6]；△ CaCl₂·2H₂O,文献[8]； ◇ CaCl₂·2H₂O,文献[7]

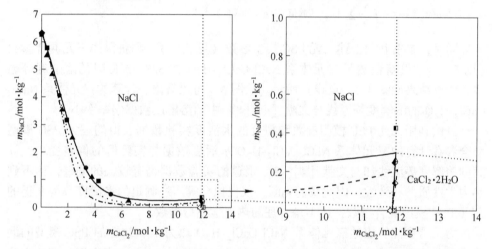

图 4-4　模型计算的 NaCl-CaCl₂-H₂O 体系 323.15 K 时的溶解度等温线及其与文献
报道的实验数据比较

（图中所有的线表示用 PSC 模型预测的溶解度等温线；-- 表示只使用二元模型参数预测的溶解度
等温线；… 表示同时使用二元参数和用水活度拟合的三元混合参数预测的溶解度等温线；— 表示
同时使用二元参数和用水活度与溶解度数据[4-8]一起拟合的三元混合参数预测的溶解度等温线）

　　从以上仅用二元参数计算三元体系 NaCl-CaCl₂-H₂O 的水活度和等温溶解度
及其与实验值的比较，我们可以判断，对于三元体系 NaCl-CaCl₂-H₂O 的热力学
性质表达和溶解度预测，仅用二元参数是不够的，想要准确地描述三元体系
NaCl-CaCl₂-H₂O 的热力学性质，需要引入三元混合参数。

　　利用上述二元 PSC 模型参数（见表4-3）和本书中用等压法测定的 323.15 K
时三元体系 NaCl-CaCl₂-H₂O 的水活度数据，我们又拟合了三元体系 NaCl-CaCl₂-
H₂O 的 PSC 模型三元混合参数，列于表 4-6 中。使用上述二元 PSC 模型参数
（见表4-3）和获得的三元混合参数（见表4-6），我们重新预测了在 323.15 K 时

三元体系 NaCl-CaCl$_2$-H$_2$O 的水活度及其与实验值的偏差，见表 4-4。从表 4-4 可以看出，与仅用二元 PSC 模型参数的模型预测值比较，与等压实验测定的水活度的偏差变小，预测的三元体系 NaCl-CaCl$_2$-H$_2$O 的水活度与等压实验测定结果的标准偏差为 0.0019。

表 4-6　323.15 K 体系 NaCl-CaCl$_2$-H$_2$O 的 PSC 模型混合参数

| $i$ | $j$ | $k$ | $W_{ijk}$ | $Q_{ijk}$ | $U_{ijk}$ | 拟合模型混合参数数据来源 | $\sigma$[①] |
|-----|-----|-----|-----------|-----------|-----------|----------------------|------------|
| Na | Ca | Cl | 22.766 | −15.598 | 0 | 表 4-1 中的水活度数据 | 0.0019 |
| Na | Ca | Cl | −7.202 | 2.112 | 0 | 表 4-1 中的水活度数据和文献 [4]-[8] 中的溶解度数据 | 0.0032 |

① 标准偏差 $\sigma = \sqrt{\dfrac{1}{n} \sum\limits_{i=1}^{n} \left[ a_w(实验值) - a_w(计算值) \right]^2}$。

同时，本书利用上述二元 PSC 模型参数（见表 4-3）和获得的三元混合参数（见表 4-6）重新预测了三元体系 NaCl-CaCl$_2$-H$_2$O 在 323.15 K 时的溶解度等温线，计算结果如图 4-4（点线）所示。从图 4-4 可以看出，计算的三元体系 NaCl-CaCl$_2$-H$_2$O 的溶解度等温线与文献 [4]-[8] 中的溶解度数据偏差变小。

虽然利用二元 PSC 模型参数和拟合的水活度实验数据获得的三元 PSC 模型混合参数计算的三元体系 NaCl-CaCl$_2$-H$_2$O 水活度数据与实验值的偏差变小，计算的溶解度等温线却与文献 [4]-[8] 报道的实验数据仍有较大的偏差，达不到热力学性质的一致性。因此我们判断，仅仅拟合等压法测定的水活度数据获得的三元 PSC 模型混合参数，还不是合理的热力学模型参数。

为了得到能够表达三元体系 NaCl-CaCl$_2$-H$_2$O 热力学一致性的 PSC 模型的混合参数，引入三元体系 NaCl-CaCl$_2$-H$_2$O 的溶解度数据[4-8]与本书中用等压法实验测定的水活度数据一起进行拟合，获得了一套新的混合参数，见表 4-6。用上述二元 PSC 模型参数（见表 4-3）和这一套新的 PSC 模型混合参数（见表 4-6）一起，我们计算了 323.15 K 时三元体系 NaCl-CaCl$_2$-H$_2$O 的水活度，计算的结果见表 4-4。从表 4-4 中可以看出，用二元 PSC 模型参数和第二套三元 PSC 模型混合参数计算的三元体系 NaCl-CaCl$_2$-H$_2$O 在 323.15 K 时水活度与等压测定的水活度数据的偏差比较大，标准偏差为 0.0032。

同时，我们也用 PSC 模型二元参数和第二套三元 PSC 模型混合参数及溶解度参数（见表 4-6）再次计算了三元体系 NaCl-CaCl$_2$-H$_2$O 在 323.15 K 时的溶解度等温线，计算结果如图 4-4（实线）所示。从图 4-4 中可以看出，计算的三元体系 NaCl-CaCl$_2$-H$_2$O 的溶解度等温线与文献 [4]-[8] 中的数据吻合较好。

### 4.3.3　三元体系 KCl-CaCl$_2$-H$_2$O 混合参数及溶解度计算

方法类似前文，本节也将三元体系 KCl-CaCl$_2$-H$_2$O 的 PSC 模型三元混合参数设为零，即：$W_{MNX} = Q_{1,MNX} = U_{MNX} = 0$，仅使用二元 PSC 模型参数来预测 323.15 K 时三元体系 KCl-CaCl$_2$-H$_2$O 的水活度及等温溶解度。仅用二元参数预测获得的 323.15 K 时三元体系 KCl-CaCl$_2$-H$_2$O 的水活度及其与我们用等压法实验测定的结果之间的偏差见表4-7。从表4-7中可以看出，仅用二元 PSC 模型参数预测的 323.15 K 时三元体系 KCl-CaCl$_2$-H$_2$O 的水活度，与实验值的标准偏差非常大，为 0.0071。

表4-7　PSC 模型计算的 KCl-CaCl$_2$-H$_2$O 体系 323.15 K 时的水活度及其与实验值的比较

| $m_{KCl}$ /mol · kg$^{-1}$ | $m_{CaCl_2}$ /mol · kg$^{-1}$ | $a_w$ | | | | 偏　差 | | |
|---|---|---|---|---|---|---|---|---|
| | | 实验值 | 计算值1[①] | 计算值2[②] | 计算值3[③] | 偏差1[④] | 偏差2[⑤] | 偏差3[⑥] |
| 0 | 0.3610 | 0.9832 | 0.9802 | 0.9802 | 0.9802 | 0.0030 | 0.0030 | 0.0030 |
| 0.0358 | 0.3379 | 0.9832 | 0.9800 | 0.9801 | 0.9801 | 0.0032 | 0.0031 | 0.0031 |
| 0.1216 | 0.2794 | 0.9832 | 0.9798 | 0.9801 | 0.9802 | 0.0034 | 0.0031 | 0.0030 |
| 0.2175 | 0.2137 | 0.9832 | 0.9800 | 0.9804 | 0.9805 | 0.0032 | 0.0028 | 0.0027 |
| 0.3296 | 0.1368 | 0.9832 | 0.9806 | 0.9810 | 0.9811 | 0.0026 | 0.0022 | 0.0021 |
| 0.4516 | 0.0514 | 0.9832 | 0.9819 | 0.9821 | 0.9822 | 0.0013 | 0.0011 | 0.0010 |
| 0.5249 | 0 | 0.9832 | 0.9831 | 0.9831 | 0.9831 | 0.0004 | 0.0004 | 0.0004 |
| 0 | 0.6501 | 0.9680 | 0.9662 | 0.9662 | 0.9662 | 0.0018 | 0.0018 | 0.0018 |
| 0.0648 | 0.6123 | 0.9680 | 0.9654 | 0.9657 | 0.9658 | 0.0026 | 0.0023 | 0.0022 |
| 0.2231 | 0.5128 | 0.9680 | 0.9641 | 0.9650 | 0.9653 | 0.0039 | 0.0030 | 0.0027 |
| 0.4044 | 0.3973 | 0.9680 | 0.9633 | 0.9645 | 0.9650 | 0.0047 | 0.0035 | 0.0030 |
| 0.6220 | 0.2581 | 0.9680 | 0.9634 | 0.9646 | 0.9651 | 0.0046 | 0.0034 | 0.0029 |
| 0.8641 | 0.0983 | 0.9680 | 0.9653 | 0.9660 | 0.9662 | 0.0027 | 0.0020 | 0.0018 |
| 1.0115 | 0 | 0.9680 | 0.9676 | 0.9676 | 0.9676 | 0.0004 | 0.0004 | 0.0004 |
| 0 | 0.8935 | 0.9532 | 0.9540 | 0.9540 | 0.9540 | -0.0008 | -0.0008 | -0.0008 |
| 0.0895 | 0.8448 | 0.9532 | 0.9526 | 0.9532 | 0.9534 | 0.0006 | 0 | -0.0002 |
| 0.3110 | 0.7148 | 0.9532 | 0.9502 | 0.9518 | 0.9525 | 0.0030 | 0.0014 | 0.0007 |
| 0.5697 | 0.5596 | 0.9532 | 0.9483 | 0.9507 | 0.9516 | 0.0049 | 0.0025 | 0.0016 |
| 0.8871 | 0.3681 | 0.9532 | 0.9476 | 0.9501 | 0.9510 | 0.0056 | 0.0031 | 0.0022 |
| 1.2469 | 0.1419 | 0.9532 | 0.9497 | 0.9511 | 0.9516 | 0.0035 | 0.0021 | 0.0016 |
| 1.4700 | 0 | 0.9532 | 0.9528 | 0.9528 | 0.9528 | 0.0004 | 0.0004 | 0.0004 |
| 0 | 1.4864 | 0.9097 | 0.9155 | 0.9155 | 0.9155 | -0.0058 | -0.0058 | -0.0058 |
| 0.1496 | 1.4131 | 0.9097 | 0.9132 | 0.9146 | 0.9152 | -0.0035 | -0.0049 | -0.0055 |
| 0.5308 | 1.2199 | 0.9097 | 0.9086 | 0.9129 | 0.9145 | 0.0011 | -0.0032 | -0.0048 |
| 0.9956 | 0.9780 | 0.9097 | 0.9048 | 0.9112 | 0.9135 | 0.0049 | -0.0015 | -0.0038 |
| 1.5862 | 0.6582 | 0.9097 | 0.9031 | 0.9098 | 0.9123 | 0.0066 | -0.0001 | -0.0026 |

| $m_{KCl}$ /mol·kg$^{-1}$ | $m_{CaCl_2}$ /mol·kg$^{-1}$ | $a_w$ | | | | 偏　差 | | |
|---|---|---|---|---|---|---|---|---|
| | | 实验值 | 计算值 1[①] | 计算值 2[②] | 计算值 3[③] | 偏差 1[④] | 偏差 2[⑤] | 偏差 3[⑥] |
| 2.2957 | 0.2612 | 0.9097 | 0.9056 | 0.9095 | 0.9108 | 0.0041 | 0.0002 | -0.0011 |
| 2.7455 | 0 | 0.9097 | 0.9106 | 0.9106 | 0.9106 | -0.0009 | -0.0009 | -0.0009 |
| 0 | 2.2985 | 0.8354 | 0.8389 | 0.8389 | 0.8389 | -0.0035 | -0.0035 | -0.0035 |
| 0.2336 | 2.2059 | 0.8354 | 0.8353 | 0.8381 | 0.8391 | 0.0004 | -0.0027 | -0.0037 |
| 0.8472 | 1.9470 | 0.8354 | 0.8288 | 0.8377 | 0.8408 | 0.0066 | -0.0023 | -0.0054 |
| 1.6307 | 1.6018 | 0.8354 | 0.8241 | 0.8378 | 0.8425 | 0.0113 | -0.0024 | -0.0071 |
| 2.6834 | 1.1134 | 0.8354 | 0.8229 | 0.8382 | 0.8434 | 0.0125 | -0.0028 | -0.0080 |
| 4.0241 | 0.4578 | 0.8354 | 0.8283 | 0.8375 | 0.8406 | 0.0071 | -0.0021 | -0.0052 |
| 4.9059 | 0 | 0.8354 | 0.8366 | 0.8366 | 0.8366 | -0.0012 | -0.0012 | -0.0012 |
| 0 | 2.7614 | 0.7865 | 0.7860 | 0.7860 | 0.7860 | 0.0005 | 0.0005 | 0.0005 |
| 0.2817 | 2.6603 | 0.7865 | 0.7819 | 0.7856 | 0.7868 | 0.0046 | 0.0009 | -0.0003 |
| 1.0323 | 2.3723 | 0.7865 | 0.7747 | 0.7863 | 0.7901 | 0.0118 | 0.0002 | -0.0036 |
| 2.0142 | 1.9786 | 0.7865 | 0.7695 | 0.7878 | 0.7937 | 0.0170 | -0.0013 | -0.0072 |
| 3.3698 | 1.3983 | 0.7865 | 0.7692 | 0.7901 | 0.7967 | 0.0173 | -0.0036 | -0.0102 |
| 0 | 4.0962 | 0.6289 | 0.6240 | 0.6240 | 0.6240 | 0.0049 | 0.0049 | 0.0049 |
| 0.4224 | 3.9888 | 0.6289 | 0.6181 | 0.6236 | 0.6253 | 0.0108 | 0.0053 | 0.0036 |
| 1.5966 | 3.6692 | 0.6289 | 0.6065 | 0.6246 | 0.6299 | 0.0224 | 0.0043 | -0.0010 |
| 0.9652 | 3.8557 | 0.6289 | 0.6107 | 0.6225 | 0.6260 | 0.0182 | 0.0064 | 0.0029 |
| 0.2030 | 4.0561 | 0.6289 | 0.6197 | 0.6224 | 0.6233 | 0.0092 | 0.0065 | 0.0056 |
| 0.1069 | 4.0849 | 0.6289 | 0.6206 | 0.6220 | 0.6225 | 0.0083 | 0.0069 | 0.0064 |
| 0 | 4.3939 | 0.5931 | 0.5893 | 0.5893 | 0.5893 | 0.0038 | 0.0038 | 0.0038 |
| 0.1142 | 4.3639 | 0.5931 | 0.5881 | 0.5896 | 0.5901 | 0.0050 | 0.0035 | 0.0030 |
| 0.2172 | 4.3406 | 0.5931 | 0.5866 | 0.5894 | 0.5903 | 0.0065 | 0.0037 | 0.0028 |
| 0.4536 | 4.2832 | 0.5931 | 0.5836 | 0.5895 | 0.5912 | 0.0095 | 0.0036 | 0.0019 |
| 1.0371 | 4.1430 | 0.5931 | 0.5769 | 0.5893 | 0.5929 | 0.0162 | 0.0038 | 0.0002 |
| 0 | 5.6570 | 0.4560 | 0.4587 | 0.4587 | 0.4587 | -0.0027 | -0.0027 | -0.0027 |
| 0.1476 | 5.6374 | 0.4560 | 0.4566 | 0.4583 | 0.4588 | -0.0006 | -0.0023 | -0.0028 |
| 0.2816 | 5.6232 | 0.4560 | 0.4544 | 0.4577 | 0.4585 | 0.0016 | -0.0017 | -0.0025 |
| 0.5911 | 5.5813 | 0.4560 | 0.4505 | 0.4571 | 0.4588 | 0.0055 | -0.0011 | -0.0028 |
| 0 | 6.3224 | 0.3978 | 0.4019 | 0.4019 | 0.4019 | -0.0041 | -0.0041 | -0.0041 |
| 0.6652 | 6.2811 | 0.3978 | 0.3924 | 0.3991 | 0.4008 | 0.0054 | -0.0013 | -0.0030 |

| $m_{KCl}$ /mol·kg⁻¹ | $m_{CaCl_2}$ /mol·kg⁻¹ | $a_w$ | | | | 偏差 | | |
|---|---|---|---|---|---|---|---|---|
| | | 实验值 | 计算值 1[①] | 计算值 2[②] | 计算值 3[③] | 偏差 1[④] | 偏差 2[⑤] | 偏差 3[⑥] |
| 0.3150 | 6.2943 | 0.3978 | 0.3979 | 0.4012 | 0.4020 | −0.0004 | −0.0034 | −0.0042 |
| 0.1652 | 6.3112 | 0.3978 | 0.3995 | 0.4013 | 0.4017 | −0.0017 | −0.0035 | −0.0039 |
| 0 | 6.5561 | 0.3799 | 0.3839 | 0.3839 | 0.3839 | −0.0040 | −0.0040 | −0.0040 |
| 0.6909 | 6.5237 | 0.3799 | 0.3744 | 0.3812 | 0.3828 | 0.0055 | −0.0013 | −0.0029 |
| 0.3270 | 6.5331 | 0.3799 | 0.3798 | 0.3831 | 0.3840 | 0.0004 | −0.0032 | −0.0041 |
| 0.1713 | 6.5455 | 0.3799 | 0.3816 | 0.3834 | 0.3838 | −0.0017 | −0.0035 | −0.0039 |
| 0 | 7.5931 | 0.3136 | 0.3153 | 0.3153 | 0.3153 | −0.0017 | −0.0017 | −0.0017 |
| 0.1989 | 7.5979 | 0.3136 | 0.3129 | 0.3146 | 0.3150 | 0.0007 | −0.0010 | −0.0014 |
| 0.3807 | 7.6064 | 0.3136 | 0.3105 | 0.3138 | 0.3146 | 0.0031 | −0.0002 | −0.0010 |
| 0.8070 | 7.6199 | 0.3136 | 0.3056 | 0.3124 | 0.3138 | 0.0080 | 0.0012 | −0.0002 |
| 0 | 7.7516 | 0.3050 | 0.3063 | 0.3063 | 0.3063 | −0.0013 | −0.0013 | −0.0013 |
| 0.2031 | 7.7578 | 0.3050 | 0.3039 | 0.3057 | 0.3061 | 0.0011 | −0.0007 | −0.0011 |
| 0 | 8.8792 | 0.2526 | 0.2518 | 0.2518 | 0.2518 | 0.0008 | 0.0008 | 0.0008 |
| 0.2331 | 8.9051 | 0.2526 | 0.2496 | 0.2513 | 0.2516 | 0.0030 | 0.0013 | 0.0010 |
| 0.4468 | 8.9288 | 0.2526 | 0.2476 | 0.2508 | 0.2514 | 0.0050 | 0.0018 | 0.0012 |
| 0.9514 | 8.9831 | 0.2526 | 0.2433 | 0.2499 | 0.2512 | 0.0093 | 0.0027 | 0.0014 |
| 0 | 10.6654 | 0.1918 | 0.1922 | 0.1922 | 0.1922 | −0.0004 | −0.0004 | −0.0004 |
| 0.2806 | 10.7206 | 0.1918 | 0.1906 | 0.1922 | 0.1925 | 0.0012 | −0.0004 | −0.0007 |
| 0.5389 | 10.7693 | 0.1918 | 0.1892 | 0.1923 | 0.1928 | 0.0026 | −0.0005 | −0.0010 |
| 1.1524 | 10.8813 | 0.1918 | 0.1864 | 0.1926 | 0.1936 | 0.0054 | −0.0008 | −0.0018 |
| 0 | 11.3585 | 0.1732 | 0.1754 | 0.1754 | 0.1754 | −0.0022 | −0.0022 | −0.0022 |
| 1.2302 | 11.6164 | 0.1732 | 0.1708 | 0.1769 | 0.1778 | 0.0024 | −0.0037 | −0.0046 |
| 0.5742 | 11.4743 | 0.1732 | 0.1732 | 0.1762 | 0.1766 | 0 | −0.0030 | −0.0034 |
| 0.2990 | 11.4243 | 0.1732 | 0.1741 | 0.1757 | 0.1759 | −0.0009 | −0.0025 | −0.0027 |
| $\sigma$[⑦] | | | | | | 0.0071 | 0.0028 | 0.0035 |

① 计算值 1：只使用纯盐参数计算的水活度值。

② 计算值 2：使用纯盐参数和水活度数据拟合的三元混合参数计算的水活度值。

③ 计算值 3：使用纯盐参数和水活度与溶解度数据[26-29]一起拟合的三元混合参数计算的水活度值。

④ 偏差 1 = $a_w$(实验值) − $a_w$(计算值 1)。

⑤ 偏差 2 = $a_w$(实验值) − $a_w$(计算值 2)。

⑥ 偏差 3 = $a_w$(实验值) − $a_w$(计算值 3)。

⑦ 标准偏差 $\sigma = \sqrt{\dfrac{1}{n}\sum_{i=1}^{n}\left[a_w(实验值) - a_w(计算值)\right]^2}$。

仅用 PSC 模型二元参数（见表4-3）和溶解度参数（见表4-6），我们计算了
323.15 K 时三元体系 KCl-CaCl₂-H₂O 的溶解度等温线，计算的结果如图 4-5（点
线）所示。从图 4-5 中可以看出，预测的溶解度等温线与文献 [6]、[9]、[10]
报道的溶解度数据偏差都非常大，为 0.0071。

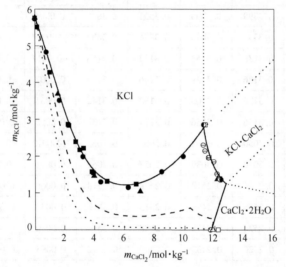

■ KCl,文献[9];　● KCl,文献[10];　▲ KCl,文献[6];　▫ KCl+KCl·CaCl₂,文献[9];
◑ KCl+KCl·CaCl₂,文献[10];　▲ KCl+KCl·CaCl₂,文献[6];　⊞ KCl·CaCl₂,文献[9];
⊕ KCl·CaCl₂,文献[10];　▪ KCl·CaCl₂+CaCl₂·2H₂O,文献[9];　◐ KCl·CaCl₂+CaCl₂·
2H₂O,文献[10];□ CaCl₂·2H₂O,文献[9];　○ CaCl₂·2H₂O,文献[10];△CaCl₂·2H₂O,文献[6]

图　4-5　模型计算的 KCl-CaCl₂-H₂O 体系 323.15 K 时的溶解度等温线及其与文献
报道的实验数据比较

（图中所有的线表示用 PSC 模型预测的溶解度等温线；-- 表示只使用二元模型参数预测的溶解度等温线；
… 表示同时使用二元参数和用水活度拟合的三元混合参数预测的溶解度等温线；— 表示同时使用
二元参数和用水活度与溶解度数据[6,9-10]一起拟合的三元混合参数预测的溶解度等温线）

从以上仅用二元 PSC 模型参数预测体系的水活度和溶解度及其与实验值的比
较可以判断，对于三元体系 KCl-CaCl₂-H₂O 的热力学性质表达和溶解度预测，仅
用二元参数是远远不够的，需要引入三元混合参数。

利用上述 PSC 模型二元参数（见表4-3）和等压测定的 323.15 K 时 KCl-
CaCl₂-H₂O 三元体系的水活度（见表4-2），拟合获得三元体系 KCl-CaCl₂-H₂O 的
PSC 模型三元混合参数，见表4-8。利用上述 PSC 模型二元参数（见表4-3）和
拟合获得的 PSC 模型三元混合参数（见表4-8），我们重新预测了三元体系 KCl-
CaCl₂-H₂O 在 323.15 K 时的水活度及其与实验值的偏差，见表4-5。从表4-5 中
可以看出，与仅用二元 PSC 模型参数的模型预测值相比，与等压实验测定的水活
度的偏差明显变小，预测三元体系 KCl-CaCl₂-H₂O 的水活度与实验值的标准偏差
为 0.0028。

**表 4-8  323.15 K 体系 KCl-CaCl$_2$-H$_2$O 的 PSC 模型混合参数**

| $i$ | $j$ | $k$ | $W_{ijk}$ | $Q_{ijk}$ | $U_{ijk}$ | 拟合模型混合参数数据来源 | $\sigma$[①] |
|---|---|---|---|---|---|---|---|
| K | Ca | Cl | -9.900 | -1.944 | 0 | 表 4-4 中的水活度数据 | 0.0028 |
| K | Ca | Cl | -10.381 | -4.502 | -1.610 | 表 4-4 中的水活度数据和文献 [6]、[9]、[10] 中的溶解度数据 | 0.0035 |

① 标准偏差 $\sigma = \sqrt{\dfrac{1}{n}\sum\limits_{i=1}^{n}\left[a_{w}(\text{实验值}) - a_{w}(\text{计算值})\right]^2}$。

　　同时，我们也用上述 PSC 模型二元参数（见表 4-3）和拟合获得的 PSC 模型三元混合参数（见表 4-8）及溶解度参数（见表 4-6）重新预测了三元体系 KCl-CaCl$_2$-H$_2$O 在 323.15 K 时的溶解度等温线，预测结果如图 4-5（点线）所示。从图 4-5 中可以看出，重新预测的三元体系 KCl-CaCl$_2$-H$_2$O 的溶解度等温线与文献 [6]、[9]、[10] 报道的溶解度数据偏差都变小。然后，我们利用拟合获得的二元和三元混合参数，通过不断地调整 KCl·CaCl$_2$ 的 ln$K$ 值来计算 KCl-CaCl$_2$-H$_2$O 体系 323.15 K 时 KCl·CaCl$_2$ 的溶解度等温线。然而，无论怎样改变 ln$K$ 的值，都无法获得与报道的溶解度等温线相一致，如图 4-5（点线）所示。

　　虽然利用二元 PSC 模型参数和拟合的水活度实验数据获得的 PSC 模型三元混合参数预测的三元体系 KCl-CaCl$_2$-H$_2$O 水活度数据与实验值的偏差都有所较小，计算的溶解度等温线却与文献 [6]、[9]、[10] 中的实验数据仍存在较大的偏差，还达不到热力学性质的一致性。因此我们判断，仅仅拟合等压法测定的水活度数据获得的 PSC 模型三元混合参数，还不能成为合理的热力学模型参数。

　　为了得到能够表达三元体系 KCl-CaCl$_2$-H$_2$O 热力学一致性的 PSC 模型的混合参数，我们加入三元体系 KCl-CaCl$_2$-H$_2$O 的溶解度数据[6,9-10]与等压法实验测定的水活度数据一起进行拟合，获得了一套新的 PSC 模型混合参数，见表 4-8。用上述 PSC 模型二元参数（见表 4-3）和第二套 PSC 模型混合参数（见表 4-8）一起，我们再次计算了 323.15 K 时三元体系 KCl-CaCl$_2$-H$_2$O 的水活度，计算的结果见表 4-5。从表 3-5 中，我们可以看出，用上述 PSC 模型二元参数（见表 4-3）和第二套 PSC 模型混合参数（见表 4-8）计算的三元体系 KCl-CaCl$_2$-H$_2$O 在 323.15 K 时水活度与等压测定的水活度数据有较大的偏差，标准偏差为 0.0035。

　　同时，我们也用上述 PSC 模型二元参数（见表 4-3）和第二套 PSC 模型混合参数（见表 4-8）及溶解度参数（见表 4-6）计算了三元体系 KCl-CaCl$_2$-H$_2$O 在 323.15 K 时的溶解度等温线，计算结果如图 4-5（实线）所示。从图中可以看出，计算的三元体系 KCl-CaCl$_2$-H$_2$O 的溶解度等温线与文献 [6]、[9]、[10] 中的数据吻合较好。

### 4.3.4　PSC 模型计算的水活度比较

利用表 4-3 中的二元 PSC 模型参数及表 4-6 和表 4-8 中的 PSC 模型混合参数，本书计算了当 NaCl（或 KCl）加入到不同浓度 CaCl$_2$ 溶液的水活度变化。当氯化钙浓度分别为 5.0 mol/kg、8.0 mol/kg 和 11.0 mol/kg 时，计算 NaCl（或 KCl）加入到 CaCl$_2$ 溶液中水活度的变化，计算结果如图 4-6 所示。由图 4-6 可见，当氯化钙浓度为 5.0 mol/kg 时，随着 NaCl 或者 KCl 的加入量的增加都会使混合溶液的水活度降低，但是 NaCl 的加入比 KCl 的加入对氯化钙溶液的水活度降低得更多一些（图 4-6（a））；当氯化钙浓度为 8.0 mol/kg 时，随着 NaCl 的加入量的增加还是会使混合溶液的水活度降低（图 4-6（b）中虚线），而随着 KCl 的加入量的增加混合溶液的水活度几乎不改变（图 4-6（b）中实线）；当氯化钙浓度达到 11.0 mol/kg 时，随着 NaCl 的加入量的增加仍然会使混合溶液的水活度降低（图 4-6（c）中虚线），而随着 KCl 的加入量的增加混合溶液的水活度反而升高（图 4-6（c）中实线）。综上所述，在所有浓度范围内，NaCl 的加入对相同浓度 CaCl$_2$ 溶液的水活度降低都比 KCl 的加入对相同浓度 CaCl$_2$ 溶液降低得更多，这也正像文献 [20] 所述 Na$^+$ 比 K$^+$ 具有更强的水化能力。

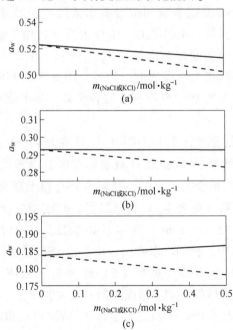

图 4-6　323.15 K 时 PSC 模型计算的 NaCl 和 KCl 加入到不同浓度的 CaCl$_2$ 溶液中的水活度

（虚线代表 CaCl$_2$ 溶液中加入 NaCl 计算的水活度数据，

实线代表 CaCl$_2$ 溶液中加入 KCl 计算的水活度数据）

（a）$m_{CaCl_2}$ = 5.0 mol/kg；（b）$m_{CaCl_2}$ = 8.0 mol/kg；（c）$m_{CaCl_2}$ = 11.0 mol/kg

# 4.4 本章小结

本书中使用等压法精细测定了两个三元体系 NaCl-CaCl$_2$-H$_2$O 和 KCl-CaCl$_2$-H$_2$O 及它们的二元子体系 NaCl-H$_2$O 和 KCl-H$_2$O 在 323.15 K 时的水活度，选用 PSC 模型对上述体系溶解度等温线进行了热力学计算。具体工作有：

（1）从三元体系 NaCl-CaCl$_2$-H$_2$O 和 KCl-CaCl$_2$-H$_2$O 的等压实验研究结果，我们发现三元体系 NaCl-CaCl$_2$-H$_2$O 中所有的等压组成点连线在低浓度到中等浓度几乎都是直线，并且遵从 Zdanovskii 规则。但是随着 NaCl 浓度的增加，等压线由很明显的朝下趋势逐渐变成了在 CaCl$_2$ 浓度较高时等压线的趋势几乎水平，表示 CaCl$_2$ 溶液的水活度随着 NaCl 浓度的增加而降低，但是到 CaCl$_2$ 浓度较高时水活度随着 NaCl 浓度的增加变化很小。然而，三元体系 KCl-CaCl$_2$-H$_2$O 中所有的等压组成点连线并不是直线，偏离 Zdanovskii 规则。同时，我们也发现等压组成线在 CaCl$_2$ 浓度较稀到中等浓度，随着 KCl 浓度的增加等压线朝向下方；当 CaCl$_2$ 浓度较高时，随着 KCl 浓度的增加等压线由朝向下方变为水平甚至朝向上方。这个转变点发生在氯化钙的浓度 $m_{CaCl_2}$ = 7.0~8.0 mol/kg（$n_{H_2O}$ : $n_{Ca^{2+}}$ = 7~8）之间。上述等压线的这种变化趋势表明 CaCl$_2$ 溶液的水活度随着 KCl 浓度的增加既可以降低也可以升高，不同的 CaCl$_2$ 溶液的浓度随着 KCl 的加入可以导致水活度向相反方向变化。

（2）本书中选择 PSC 模型对两个三元体系 NaCl-CaCl$_2$-H$_2$O 和 KCl-CaCl$_2$-H$_2$O 的热力学性质进行了表达。利用文献报道的水活度拟合了二元体系 NaCl-H$_2$O 和 KCl-H$_2$O 的 PSC 模型二元参数。选择 PSC 模型并利用本书获得的和文献报道的 PSC 模型二元参数，利用文献中给出的 CaCl$_2$·2H$_2$O、NaCl、KCl 以及复盐 KCl·CaCl$_2$ 的溶解度数据，拟合获得了 323.15 K 时两个三元体系 NaCl-CaCl$_2$-H$_2$O 和 KCl-CaCl$_2$-H$_2$O 中存在的各种固相的 ln$K$。

（3）仅用本书获得的和文献报道的 PSC 模型二元参数，预测了 323.15 K 时两个三元体系 NaCl-CaCl$_2$-H$_2$O 和 KCl-CaCl$_2$-H$_2$O 的水活度及溶解度等温线。预测结果表明，对于三元体系 NaCl-CaCl$_2$-H$_2$O，预测的水活度与等压实验结果标准偏差为 0.0021；但是对于三元体系 KCl-CaCl$_2$-H$_2$O，预测的水活度与等压实验结果差别很大，标准偏差为 0.0071。预测的 323.15 K 时两个三元体系 NaCl-CaCl$_2$-H$_2$O 和 KCl-CaCl$_2$-H$_2$O 的溶解度等温线与文献报道的溶解度数据差别都非常大。

（4）利用 NaCl-H$_2$O 和 KCl-H$_2$O 体系的 PSC 模型二元参数和文献报道的 CaCl$_2$-H$_2$O 体系的 PSC 模型二元参数，以及本书中用等压法测定的三元体系 NaCl-CaCl$_2$-H$_2$O 和 KCl-CaCl$_2$-H$_2$O 的水活度数据，拟合获得了三元体系

NaCl-CaCl$_2$-H$_2$O 和 KCl-CaCl$_2$-H$_2$O 的 PSC 模型混合参数。用上述 PSC 模型二元参数和 PSC 模型三元混合参数，重新预测了 323.15 K 时两个三元体系 NaCl-CaCl$_2$-H$_2$O 和 KCl-CaCl$_2$-H$_2$O 的水活度以及溶解度等温线。与仅用 PSC 模型二元参数预测的水活度数据相比，用 PSC 模型二元参数和三元混合参数预测的两个三元体系 NaCl-CaCl$_2$-H$_2$O 和 KCl-CaCl$_2$-H$_2$O 的水活度与实验值偏差都变小，分别为 0.0019 和 0.0028。同时，预测的 323.15 K 时三元体系 NaCl-CaCl$_2$-H$_2$O 的溶解度等温线与文献报道的数据偏差比 PSC 模型二元参数预测的溶解度与文献报道的数据偏差变小。预测的 323.15 K 时三元体系 KCl-CaCl$_2$-H$_2$O 的溶解度等温线与文献报道的数据的偏差比只用 PSC 模型二元参数预测溶解度与文献报道的数据的偏差变小，但与文献报道的溶解度数据仍旧存在较大差别，尤其对于复盐 KCl·CaCl$_2$ 的溶解度线差别很大。

(5) 本书将文献报道的 323.15 K 时的溶解度数据与本书等压测定的水活度数据重新拟合获得了一套新的 PSC 模型混合参数。利用 PSC 模型二元和新获得的这套三元混合参数，再次计算了 323.15 K 时两个三元体系 NaCl-CaCl$_2$-H$_2$O 和 KCl-CaCl$_2$-H$_2$O 的水活度及溶解度等温线。用二元模型参数和这套新的三元混合参数计算的三元体系 NaCl-CaCl$_2$-H$_2$O 在 323.15 K 时水活度与等压法测定的水活度数据的偏差有所大，标准偏差为 0.0032。同样，计算的三元体系 KCl-CaCl$_2$-H$_2$O 在 323.15 K 时水活度与等压法测定的水活度数据也有较大的偏差，标准偏差为 0.0035。同时，我们利用 PSC 模型二元参数和第二套三元 PSC 模型混合参数计算的三元体系 NaCl-CaCl$_2$-H$_2$O 在 323.15 K 时的溶解度等温线与文献报道的数据吻合很好。计算的三元体系 KCl-CaCl$_2$-H$_2$O 在 323.15 K 时的溶解度等温线与文献报道的数据吻合也很好，即使在复盐 KCl·CaCl$_2$ 相区，通过调整 ln$K$ 的数值，也能描述得非常好。

(6) 本书中又利用前述 PSC 模型二元参数和混合参数，计算了当 NaCl（或 KCl）加入到不同浓度 CaCl$_2$ 中溶液的水活度。我们发现，在所有浓度范围内，NaCl 的加入对相同浓度 CaCl$_2$ 溶液的水活度降低都比 KCl 的加入对相同浓度 CaCl$_2$ 溶液降低得更多，甚至 KCl 的加入可以使高浓度 CaCl$_2$ 溶液的水活度增高，这也正好符合文献中所述的 Na$^+$ 比 K$^+$ 具有更强的水化能力。

## 参 考 文 献

[1] AN D T, TENG T T, SANGSTER J M. Vapour pressures of CaCl$_2$-NaCl-H$_2$O and MgCl$_2$-NaCl-H$_2$O at 25 ℃. Prediction of the water activity of supersaturated NaCl solutions [J]. Can. J. Chem., 1978, 56 (14): 1853-1855.

[2] HOLMES H F, BAES J C F, MESMER R E. Isopiestic studies of aqueous solutions at elevated

temperatures Ⅲ. $\{(1-y) NaCl + yCaCl_2\}$ [J]. J. Chem. Thermodyn. , 1981, 13 (2): 101-113.

[3] 邓天龙, 姚燕, 张振英, 等. 308.15 K 下 NaCl-CaCl$_2$-H$_2$O 体系热力学性质的等压研究 [J]. 中国科学: 化学, 2010, 40 (9): 1371-1377.

[4] PELLING A J, ROBERTSON J B. The Reciprocal salt-pair: $2NaCl + Ca(NO_3)_2 \rightleftharpoons 2NaNO_3 + CaCl_2$ [J]. S. African J. Sci. , 1923, 20: 236-240.

[5] PELLING A J. Fertilizer deposits of South Africa [J]. J. Chem. Met. Mining Soc. S. Africa, 1927, 27: 277-287.

[6] LUK'YANOVA E I, SHOIKHET D N. Tr. Solubilities of Inorganic and Metal Organic Compounds [M]. 4th ed. Linke W F, Seidell A. American Chemical Society: Washington DC, 1965.

[7] ASSARSSON G O. On the winning of salt from the brinesin southern Sweden [J]. Sveriges Geologiska Undersokning Series C: Stockholm, 1949.

[8] ASSARSSON G O. Equilibria in aqueous systems containing K$^+$, Na$^+$, Ca$^{2+}$, Mg$^{2+}$ and Cl$^-$. Ⅰ. The ternary system CaCl$_2$-KCl-H$_2$O [J]. J. Am. Chem. Soc. , 1950, 72: 1437-1441.

[9] ASSARSSON G O. Equilibria in aqueous systems containing K$^+$, Na$^+$, Ca$^{2+}$, Mg$^{2+}$ and Cl$^-$. Ⅱ. The quaternary system CaCl$_2$-KCl-NaCl-H$_2$O [J]. J. Am. Chem. Soc. , 1950, 72: 1433-1436.

[10] BERGMAN A G, KUZNETSOVA A I. Solubility diagram for the ternary system H$_2$O-KCl-CaCl$_2$ from the freezing point to 300 ℃ [J]. Zh. Neorg. Khim. , 1959, 4: 194-204.

[11] GRUSZKIEWICZ M S, SIMONSON J M. Vapor pressures and isopiestic molalities of concentrated CaCl$_2$(aq), CaBr$_2$(aq), and NaCl(aq) to $T$ = 523 K [J]. J. Chem. Thermodyn. , 2005, 37: 906-930.

[12] ZENG D W, ZHOU H Y, VOIGT W. Thermodynamic consistency of the solubility and vapor pressure of a binary saturated salt + water system. Ⅱ. CaCl$_2$ + H$_2$O [J]. Fluid Phase Equilibr. , 2007, 253: 1-11.

[13] PITZER K S, CHRISTOPHER PEIPER J, BUSEY R H. Thermodynamic properties of aqueous sodium chloride solutions [J]. J. Phys. Chem. Ref. Data, 1984, 13: 1-102.

[14] PABALAN R T, PITZER K S. Thermodynamics of concentrated electrolyte mixtures and the prediction of mineral solubilities to high temperatures for mixtures in the system Na-K-Mg-Cl-SO$_4$-OH-H$_2$O [J]. Geochim. Cosmochim. Acta, 1987, 51 (9): 2429-2443.

[15] PHUTELA R C, PITZER K S. Thermodynamics of aqueous calcium chloride [J]. J. Solution Chem. , 1983, 12: 201-207.

[16] RARD J A, CLEGG S L. Critical evaluation of the thermodynamic properties of aqueous calcium chloride. 1. Osmotic and activity coefficients of $0-10.77$ mol/kg aqueous calcium chloride solutions at 298.15 K and correlation with extended Pitzer ion-interaction models [J]. J. Chem. Eng. Data, 1997, 42: 819-849.

[17] CLEGG S L, PITZER K S. Thermodynamics of multicomponent, miscible, ionic solutions: Generalized equations for symmetrical electrolytes [J]. J. Phys. Chem. , 1992, 96 (8):

3513-3520.

[18] CLEGG S L, PITZER K S, BRIMBLECOMBE P. Thermodynamics of multicomponent, miscible, ionic solutions: Mixtures including unsymmetrical electrolytes [J]. J. Phys. Chem., 1992, 96 (23): 9470-9479.

[19] DONG O Y, ZENG D W, ZHOU H Y, et al. Phase change materials in the ternary system NH$_4$Cl + CaCl$_2$ + H$_2$O [J]. Calphad-computer Coupling of phase Diagrams and Thermochemistry, 2011, 35: 269-275.

[20] MARCUS Y. Ion Solvation [M]. Wiley: New York, 1985.

# 5　三元体系 KCl-SrCl$_2$-H$_2$O 水活度、相平衡和模型研究

## 5.1　概　　述

关于含 SrCl$_2$-H$_2$O 体系的热力学性质的研究已有报道，其中 Rard 和 Miller 等人[1-2]报道了使用氯化钙作为参考溶液，采用等压法研究了三元体系 NaCl-SrCl$_2$-H$_2$O 及其二元子体系 SrCl$_2$-H$_2$O 在 298.15 K 时的水活度数据。Clegg 等人[3]报道了使用氯化钠作为参考溶液，采用等压法研究了三元体系 NaCl-SrCl$_2$-H$_2$O 在 298.15 K 时的渗透系数和水活度。Guo 等人[4-5]报道了使用 H$_2$SO$_4$(aq) 和 NaCl (aq) 作为参考溶液，采用等压法研究了三元体系 LiCl-SrCl$_2$-H$_2$O 和 CaCl$_2$-SrCl$_2$-H$_2$O 在 298.15 K 时的水活度数据。Partanen 等人[6]重新评估了 SrCl$_2$ 水溶液在温度 283.15~333.15 K 之间的平均活度系数，以及在 298.15 K 时浓度达到饱和时溶液的平均活度系数。

三元体系 KCl-SrCl$_2$-H$_2$O 相平衡研究方面，1916 年 Harkins 和 Paine[7]描述了该体系 298.15 K 时 SrCl$_2$·6H$_2$O 相区的单变量曲线。1953 年 Assarsson[8]研究了 291.15~387.15 K 体系的相平衡，其中对 291.15 K、333.15 K、373.15 K 进行了详细相的研究，得到了体系无变量点的液相组成和平衡固相组成。1990 年 Filippov[9]测定了 KCl-SrCl$_2$-H$_2$O 体系 298.15 K 时溶解度。2010 年时历杰等人[10]研究了该体系 298.15 K 溶解度，未发现固溶体或者复盐。2015 年，Zhang 等人[11]研究了该体系 323.15 K 溶解度。对应相图如图 5-1 所示。

由图 5-1 可知，Zhang 等人[11]研究的该体系 323.15 K 的等温相图在富 KCl 区出现和其他研究者有不同的趋势，在富 KCl 区，Zhang 等人[11]测定的相图的液相线几乎和时历杰等人[10] 298.15 K 及 Assarson 等人[8] 18 ℃的液相线发生重合。另外，由于相同温度下 SrCl$_2$ 比 KCl 的溶解度更大，在向饱和的 KCl 溶液中添加 SrCl$_2$ 的过程中，水的质量分数应该降低，而不会出现 Zhang 等人[11]的相图中出现的凸起的现象。

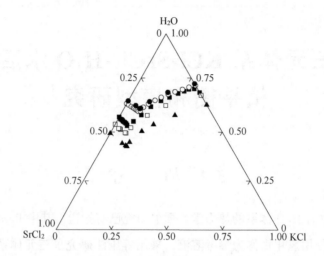

图 5-1   文献 [8]、[11] 测定的三元体系 KCl-SrCl$_2$-H$_2$O 在不同温度下相图

●—Assarson, 291. 15 K[8]；○—时历杰等人, 298. 15 K[10]；□—Assarson, 333. 15 K[8]；

■—Zhang, 323. 15 K[11]；▲—Assarson, 373. 15 K[8]

## 5.2   三元体系 KCl-SrCl$_2$-H$_2$O 热力学性质的等压研究

测定体系 KCl-SrCl$_2$-H$_2$O 热力学性质的等压实验仪器和设备，所用到的试剂和溶液，混合储备液的配制方法，以及等压实验的方法和步骤与第 2 章中描述的相同，此处不再赘述。

本章利用等压法测定了三元体系 KCl-SrCl$_2$-H$_2$O 在 323. 15 K 下的水活度数据。等压法测定的 323. 15 K 时三元体系 KCl-SrCl$_2$-H$_2$O 的水活度结果列于表 5-1，表 5-1 中编号表示实验进行的第几批等压实验数据，其中最上面那行表示参考溶液的浓度和水活度，本实验全部采用硫酸溶液做参考溶液，而下面那几行分别表示与参考溶液等蒸汽压（等水活度）时溶液中 KCl，SrCl$_2$ 的质量摩尔浓度。图 5-2 所示为根据表 5-1 中测定的等压实验数据绘制的三元体系 KCl-SrCl$_2$-H$_2$O 的等压实验点和等水活度线图。

表 5-1   KCl-SrCl$_2$-H$_2$O 体系 323. 15 K 下水活度数据实验结果[①]

| 编号 | $m_{SrCl_2}/mol \cdot kg^{-1}$ | $m_{KCl}/mol \cdot kg^{-1}$ | 编号 | $m_{SrCl_2}/mol \cdot kg^{-1}$ | $m_{KCl}/mol \cdot kg^{-1}$ |
|---|---|---|---|---|---|
| 1 | $m_{H_2SO_4} = 0.6161$ | $a_w = 0.9779$ | 1 | 0.3592 | 0.1552 |
| | 0.4652 | 0 | | 0.2785 | 0.2764 |
| | 0.4326 | 0.0479 | | 0.1817 | 0.4182 |

| 编号 | $m_{SrCl_2}$/mol · kg$^{-1}$ | $m_{KCl}$/mol · kg$^{-1}$ | 编号 | $m_{SrCl_2}$/mol · kg$^{-1}$ | $m_{KCl}$/mol · kg$^{-1}$ |
|---|---|---|---|---|---|
| 1 | 0.0666 | 0.5951 | 3 | 0 | 3.8192 |
|   | 0 | 0.6874 |   | $m_{H_2SO_4}$ = 3.7439 | $a_w$ = 0.8090 |
| 2 | $m_{H_2SO_4}$ = 1.4933 | $a_w$ = 0.9407 | 4 | 2.6931 | 0 |
|   | 1.1173 | 0 |   | 2.5773 | 0.2856 |
|   | 1.0509 | 0.1164 |   | 2.2930 | 0.9905 |
|   | 0.8964 | 0.3872 |   | 1.9095 | 1.8947 |
|   | 0.7108 | 0.7053 |   | 1.3483 | 3.1025 |
|   | 0.4757 | 1.0947 |   | 0.5305 | 4.7432 |
|   | 0.1762 | 1.5752 |   | 0 | 5.7038 |
|   | 0 | 1.8399 | 5 | $m_{H_2SO_4}$ = 4.8512 | $a_w$ = 0.7308 |
| 3 | $m_{H_2SO_4}$ = 2.7324 | $a_w$ = 0.8741 |   | 3.4573 | 0 |
|   | 1.9953 | 0 |   | 3.3324 | 0.3692 |
|   | 1.8976 | 0.2103 |   | 3.0082 | 1.2994 |
|   | 1.6598 | 0.7170 | 6 | $m_{H_2SO_4}$ = 5.9773 | $a_w$ = 0.6483 |
|   | 1.3558 | 1.3453 |   | 4.2647 | 0 |
|   | 0.9366 | 2.1550 |   | 4.1312 | 0.4577 |
|   | 0.3596 | 3.2153 |   |   |   |

① 水活度数据是根据文献 [12] 报道的 H$_2$SO$_4$-H$_2$O 体系渗透系数数据计算得到的。

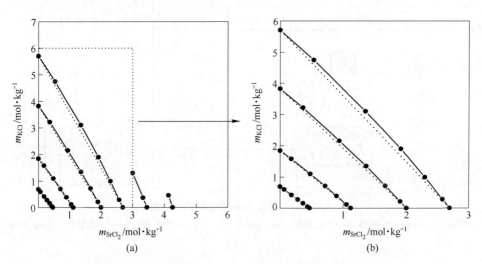

图 5-2 323.15 K 时 KCl-SrCl$_2$-H$_2$O 体系等压实验点和等水活度图

(图中虚线代表 Zdanovskii 规则线，实线连接的实心圆代表本书测定的实验值)

在进行每一批的等压测定实验达到平衡后，等压箱内所有溶液的水活度都是相等的，本书工作选择 $H_2SO_4$-$H_2O$ 体系作为等压参考标准溶液[12]。在此实验过程中，在低浓度的情况下同时采用 $KCl$-$H_2O$ 作为等压参考。每一批等压实验中，每个待测样品和参考溶液都是采用两个平行样，平行样之间浓度的相对误差小于0.3%，表 5-1 中所列的浓度都为两个平行样之间的平均值。

为了便于更加清楚地比较，我们将等压实验测定的 323.15 K 时三元体系 $KCl$-$SrCl_2$-$H_2O$ 的实验结果进行局部放大，如图 5-2（b）所示。由图 5-2 可知，三元体系 $KCl$-$SrCl_2$-$H_2O$ 中所有的等压组成点连线几乎都不是直线，明显地偏离于 Zdanovskii 规则，说明该体系中存在一定的离子缔合作用。

# 5.3  三元体系 $KCl$-$SrCl_2$-$H_2O$ 相平衡研究

## 5.3.1  实验仪器和设备

实验中使用的主要仪器有：德国 LAUDA 公司生产的精密恒温水浴系统 E219，控温精度为 ±0.01 K。电子天平（Sartorious，CPA225D，精度为 ±0.0001 g）用于本书所有的实验称量。在每个温度下共饱点组成采用等温液–固相平衡来确定，实验在如图 5-3 所示的恒温水浴中进行。

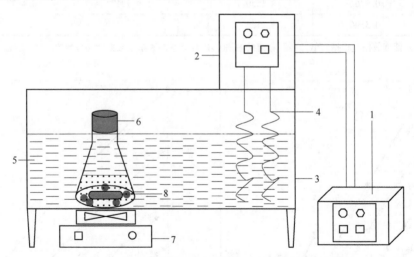

图 5-3  相平衡实验测定装置示意图

1—制冷器；2—温度控制器；3—恒温浴槽；4—加热器；5—水；6—平衡瓶；7—磁力搅拌器；8—搅拌磁子

## 5.3.2  实验试剂

实验所用 $SrCl_2 \cdot 6H_2O$（A. R. 级，上海国药化学试剂有限公司）和 $KCl$

（G. R. 级，上海国药化学试剂有限公司）分别为分析纯与优级纯试剂，经再次提纯后，再经 ICP–AES 仪器（Thermo Electron Corporation, ICAP 6500 DUO）仪器检测，各试剂中总的杂质离子含量均不超过 0.01%。实验过程中配制料液和分析用水均为电导率小于 1.5×10$^{-4}$S/m 的二次去离子水。

### 5.3.3 实验步骤和分析方法

在每次实验中，称取一定量的 SrCl$_2$·6H$_2$O 和 KCl 固体溶于去离子水中，并保证两种固体适度过量。将固液混合物装于如图 5-3 所示的平衡瓶中，再放置于恒温水浴中。在水浴外置一磁力搅拌器，通过置于平衡样品中的磁子搅拌溶液。每次恒温搅拌时间在 120 h 以上。然后静置溶液 8 h，抽取上清液进行液相组分分析。用玻璃漏勺取出湿渣置于称量瓶中，准确称量重量，以去离子水稀释转移至容量瓶中，湿渣彻底溶解之后再转移到烧杯中分析 K$^+$ 的含量和 Sr$^{2+}$ 的含量。固相的组成同时用湿渣法和 X 射线辅助确定。溶液中各组分的含量采用化学分析方法获得，K$^+$ 含量采用四苯硼钠重量法测定，Cl$^-$ 采用 AgCl 沉淀重量法测定，Sr$^{2+}$ 采用差减法计算得出。

### 5.3.4 三元体系 KCl-SrCl$_2$-H$_2$O 相平衡研究结果

三元体系 KCl-SrCl$_2$-H$_2$O 在 323.15 K 条件下测定的溶解度数据见表 5-2，对应的图示如图 5-4 所示。

**表 5-2　三元体系 KCl-SrCl$_2$-H$_2$O 在 323.15 K 下的溶解度实验结果**

| 编号 | 溶液组成/% | | | 湿固相组成/% | | | 固相① |
|---|---|---|---|---|---|---|---|
| | KCl | H$_2$O | SrCl$_2$ | KCl | H$_2$O | SrCl$_2$ | |
| 1 | 30.10 | 69.90 | 0.00 | — | — | — | A |
| 2 | 27.57 | 69.23 | 3.20 | 47.63 | 50.17 | 2.20 | A |
| 3 | 14.01 | 63.18 | 22.82 | 32.82 | 49.01 | 18.17 | A |
| 4 | 23.50 | 67.71 | 8.79 | 41.80 | 51.53 | 6.66 | A |
| 5 | 12.08 | 61.22 | 26.69 | 32.25 | 46.78 | 20.96 | A |
| 6 | 19.21 | 65.82 | 14.97 | 40.30 | 48.54 | 11.16 | A |
| 7 | 9.34 | 58.13 | 32.53 | 24.34 | 48.14 | 27.52 | A |
| 8 | 7.13 | 53.62 | 39.25 | 5.79 | 45.67 | 48.53 | A+B |
| 9 | 7.12 | 53.63 | 39.25 | — | — | — | A+B |
| 10 | 6.45 | 53.88 | 39.67 | 3.00 | 46.56 | 50.44 | B |
| 11 | 2.99 | 56.26 | 40.74 | 1.29 | 47.11 | 51.59 | B |
| 12 | 0 | 57.94 | 52.06 | — | — | — | B |

① A 为 KCl；B 为 SrCl$_2$·6H$_2$O。

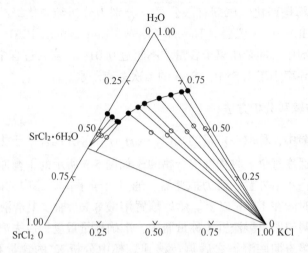

图 5-4 本书测定的三元体系 KCl-SrCl$_2$-H$_2$O 在 323. 15 K 下的等温相图

●—本实验液相点；○—本实验湿固相点

由图 5-4 可见，三元体系 KCl-SrCl$_2$-H$_2$O 在 323. 15 K 条件下存在两个固相结晶区，分别为 SrCl$_2$·6H$_2$O 和 KCl 结晶区，存在一个三元共饱点，为 KCl+SrCl$_2$·6H$_2$O。和文献 [11] 报道的结论相同，但是本实验测定的液相点在富 KCl 区并未出现凸起现象。结合图 5-1 可见，本实验测定的相图液相线走势和 Assarson[8] 及时历杰等人[10] 报道的等温相图基本一致。

# 5.4 KCl-SrCl$_2$-H$_2$O 体系热力学模型

## 5.4.1 Pitzer-Simonson-Clegg 模型二元参数

与前文涉及三元体系 KCl-CaCl$_2$-H$_2$O 的热力学模型类似，针对 KCl-SrCl$_2$-H$_2$O 体系，本章仍然选用 Pitzer-Simonson-Clegg 模型来描述它们的热力学性质。

如前文所述，对于 KCl-SrCl$_2$-H$_2$O 体系中的二元子体系 KCl-H$_2$O 体系的 PSC 模型二元参数，我们使用第 4 章计算的结果，也就是从文献 [13] 数据拟合得到，列于表 5-3。对于 SrCl$_2$-H$_2$O 体系的 PSC 模型二元参数，由于没有文献可以参考我们直接选取本书工作中的参数，结果也列于表 5-3。

表 5-3 323. 15 K 体系 KCl-H$_2$O 和 SrCl$_2$-H$_2$O 二元 PSC 模型参数

| 溶质 | $\alpha_{MX}$ | $B_{MX}$ | $\alpha_{MX}^1$ | $B_{MX}^1$ | $W_{1,MX}$ | $U_{1,MX}$ | $V_{1,MX}$ | 数据来源 |
|---|---|---|---|---|---|---|---|---|
| SrCl$_2$ | 13 | 164. 9280 | 2.0 | 0 | 8. 1823 | 47. 3081 | −41. 4599 | 本书工作 |
| KCl | 13 | 5. 3847 | 0 | 0 | −2. 7595 | −1. 3749 | 0 | 文献 [13] |

利用上述 KCl-H$_2$O 体系二元 PSC 模型参数（见表 5-3），本书计算了该体系在 323.15 K 时的水活度，并将等压测定的实验值和计算的数据进行了比较，分别如图 5-5 所示。从图 5-5 中我们可以看出，用拟合得到的二元参数的 PSC 模型计算的 323.15 K 时的水活度与我们等压测定的和文献报道的一致，证明此套二元 PSC 模型参数能够成功地描述 KCl-H$_2$O 体系在 323.15 K 的水活度性质。

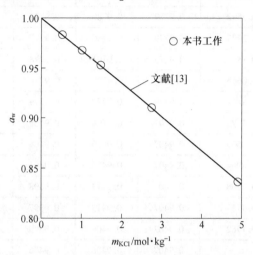

图 5-5　KCl-H$_2$O 体系 323.15 K 下水活度实验值与计算值对比图

### 5.4.2　三元体系 KCl-SrCl$_2$-H$_2$O 混合参数及溶解度计算

首先，把三元体系 KCl-SrCl$_2$-H$_2$O 的 PSC 模型三元混合参数设为零，即：$W_{MNX} = Q_{1,MNX} = U_{MNX} = 0$，仅用二元 PSC 模型参数直接预测 323.15 K 时三元体系 KCl-SrCl$_2$-H$_2$O 的水活度及等温溶解度。计算过程所有需要的溶解度参数列于表 5-4 中，这些溶解度参数是本书根据文献报道的溶解度使用 PSC 模型进行拟合获得的。仅用二元 PSC 模型参数预测获得的 323.15 K 时三元体系 KCl-SrCl$_2$-H$_2$O 的水活度及其与我们等压实验测定的数据的偏差见表 5-5。从表中可以看出，仅用二元参数预测的 323.15 K 时三元体系 KCl-SrCl$_2$-H$_2$O 的水活度与实验值的标准偏差较小仅为 0.0007。

表 5-4　323.15 K 体系 KCl-SrCl$_2$-H$_2$O 中盐的溶解度参数

| 盐 | ln$K_{sp}^{\ominus}$ | 数据来源 |
| --- | --- | --- |
| KCl | −5.4856 | 本书工作 |
| SrCl$_2$ · 6H$_2$O | −6.7778 | 本书工作 |

**表5-5　PSC 模型计算的 KCl-SrCl$_2$-H$_2$O 体系 323.15 K 时的水活度及其与实验值的比较**

| $m_{KCl}$ /mol·kg$^{-1}$ | $m_{SrCl_2}$ /mol·kg$^{-1}$ | $a_w$ 实验值 | 计算值1[①] | 计算值2[②] | 偏差1[③] | 偏差2[④] |
|---|---|---|---|---|---|---|
| 0 | 0.4652 | 0.9779 | 0.9777 | 0.9777 | −0.0002 | 0.0001 |
| 0.0479 | 0.4326 | 0.9779 | 0.9778 | 0.9777 | −0.0001 | −0.0001 |
| 0.1552 | 0.3592 | 0.9779 | 0.9780 | 0.9777 | 0.0001 | −0.0006 |
| 0.2764 | 0.2785 | 0.9779 | 0.9780 | 0.9777 | 0.0001 | −0.0009 |
| 0.4182 | 0.1817 | 0.9779 | 0.9781 | 0.9778 | 0.0002 | −0.0010 |
| 0.5951 | 0.0666 | 0.9779 | 0.9778 | 0.9776 | −0.0001 | −0.0008 |
| 0.6874 | 0 | 0.9779 | 0.9779 | 0.9779 | 0 | −0.0001 |
| 0 | 1.1173 | 0.9407 | 0.9408 | 0.9408 | 0.0001 | −0.0001 |
| 0.1164 | 1.0509 | 0.9407 | 0.9410 | 0.9406 | 0.0003 | −0.0006 |
| 0.3872 | 0.8964 | 0.9407 | 0.9412 | 0.9401 | 0.0005 | −0.0017 |
| 0.7053 | 0.7108 | 0.9407 | 0.9413 | 0.9398 | 0.0006 | −0.0026 |
| 1.0947 | 0.4757 | 0.9407 | 0.9413 | 0.9397 | 0.0006 | −0.0022 |
| 1.5752 | 0.1762 | 0.9407 | 0.9408 | 0.9399 | 0.0001 | −0.0015 |
| 1.8399 | 0 | 0.9407 | 0.9406 | 0.9406 | −0.0001 | −0.0001 |
| 0 | 1.9953 | 0.8741 | 0.8740 | 0.8740 | −0.0001 | −0.0003 |
| 0.2103 | 1.8976 | 0.8741 | 0.8743 | 0.8735 | 0.0002 | −0.0011 |
| 0.7170 | 1.6598 | 0.8741 | 0.8746 | 0.8724 | 0.0005 | −0.0032 |
| 1.3453 | 1.3558 | 0.8741 | 0.8747 | 0.8715 | 0.0006 | −0.0044 |
| 2.1550 | 0.9366 | 0.8741 | 0.8752 | 0.8719 | 0.0011 | −0.0031 |
| 3.2153 | 0.3596 | 0.8741 | 0.8744 | 0.8726 | 0.0003 | −0.0015 |
| 3.8192 | 0 | 0.8741 | 0.8740 | 0.8740 | −0.0001 | −0.0002 |
| 0 | 2.6931 | 0.8090 | 0.8087 | 0.8087 | −0.0003 | 0 |
| 0.2856 | 2.5773 | 0.8090 | 0.8088 | 0.8079 | −0.0002 | −0.0016 |
| 0.9905 | 2.2930 | 0.8090 | 0.8083 | 0.8058 | −0.0007 | −0.0044 |
| 1.8947 | 1.9095 | 0.8090 | 0.8080 | 0.8046 | −0.0010 | −0.0001 |
| 3.1025 | 1.3483 | 0.8090 | 0.8091 | 0.8059 | 0.0001 | −0.0017 |
| 4.7432 | 0.5305 | 0.8090 | 0.8090 | 0.8075 | 0 | −0.0002 |
| 5.7038 | 0 | 0.8090 | 0.8088 | 0.8088 | −0.0002 | −0.0002 |
| 0 | 3.4573 | 0.7308 | 0.7308 | 0.7308 | 0 | −0.0002 |
| 0.3692 | 3.3324 | 0.7308 | 0.7300 | 0.7292 | −0.0008 | −0.0002 |
| 1.2994 | 3.0082 | 0.7308 | 0.7281 | 0.7264 | −0.0027 | −0.0001 |

续表 5-5

| $m_{KCl}$ | $m_{SrCl_2}$ | $a_w$ | | | 偏差 | |
|---|---|---|---|---|---|---|
| /mol·kg$^{-1}$ | /mol·kg$^{-1}$ | 实验值 | 计算值 1[①] | 计算值 2[②] | 偏差 1[③] | 偏差 2[④] |
| 0 | 4.2647 | 0.6483 | 0.6482 | 0.6482 | -0.0001 | -0.0003 |
| 0.4577 | 4.1312 | 0.6483 | 0.6469 | 0.6466 | -0.0014 | 0 |
| $\sigma$[⑤] | | | | | 0.0007 | 0.0016 |

① 计算值 1：只使用纯盐参数计算的水活度值。

② 计算值 2：使用纯盐参数和水活度数据拟合的三元混合参数计算的水活度值。

③ 偏差 1 = $a_w$(实验值) - $a_w$(计算值 1)。

④ 偏差 2 = $a_w$(实验值) - $a_w$(计算值 2)。

⑤ 标准偏差 $\sigma = \sqrt{\dfrac{1}{n}\sum\limits_{i=1}^{n}\left[a_w(实验值) - a_w(计算值)\right]^2}$。

本书仅用二元 PSC 模型参数预测计算了三元体系 KCl-SrCl$_2$-H$_2$O 在 323.15 K 时的溶解度等温线，计算的结果如图 5-6 中虚线所示。从图 5-6 中可以看出，预测的溶解度等温线与文献报道的溶解度数据都比较吻合。

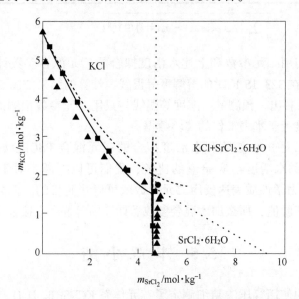

图 5-6　模型计算的 KCl-SrCl$_2$-H$_2$O 体系 323.15 K 时的溶解度等温线
及其与文献报道的实验数据比较

(图中所有的线表示用 PSC 模型预测的溶解度等温线：-- 表示只使用二元模型参数预测的溶解度
等温线；— 表示同时使用二元参数和用水活度拟合的三元混合参数预测的溶解度等温线)

■—本书工作的实验数据；●—文献[8]的实验数据；▲—文献[11]的实验数据

从以上仅用二元参数计算三元体系 KCl-SrCl$_2$-H$_2$O 的水活度和溶解度及其与

实验测定数据的比较，我们可以判断，对于三元体系 KCl-SrCl$_2$-H$_2$O 的热力学性质表达和溶解度预测，仅用二元参数预测的溶解度等温线就已经很接近溶解度实验值。

利用已经获得的二元 PSC 模型参数和等压法测定的 323.15 K 时三元体系 KCl-SrCl$_2$-H$_2$O 的水活度数据，我们拟合获得了三元体系 KCl-SrCl$_2$-H$_2$O 的 PSC 模型三元混合参数，见表 5-6。利用二元 PSC 模型参数（见表 5-3）和拟合的三元混合参数（见表 5-6）及溶解度参数（见表 5-4），我们再次计算了三元体系 KCl-SrCl$_2$-H$_2$O 在 323.15 K 时的水活度及其与实验值的偏差（见表 5-5）。从表 5-5 中可以看出，对于三元体系 KCl-SrCl$_2$-H$_2$O，与仅用二元参数的模型计算值相比，与等压实验测定的水活度的偏差有所增加，计算的三元体系 KCl-SrCl$_2$-H$_2$O 的水活度与实验值的标准偏差为 0.0016。

表 5-6　323.15 K 体系 KCl-SrCl$_2$-H$_2$O 的 PSC 模型混合参数

| $i$ | $j$ | $k$ | $W_{ijk}$ | $Q_{1,ijk}$ | $U_{ijk}$ | 拟合模型混合参数数据来源 | $\sigma$[①] |
|-----|-----|-----|-----------|-------------|-----------|------------------------|------------|
| K | Sr | Cl | −11.49 | 9.83 | 0 | 表 5-1 中的水活度数据 | 0.0016 |

① 标准偏差 $\sigma = \sqrt{\dfrac{1}{n} \sum\limits_{i=1}^{n} \left[ a_w(\text{实验值}) - a_w(\text{计算值}) \right]^2}$。

随后，我们用二元参数和上述水活度拟合的三元混合参数计算了三元体系 KCl-SrCl$_2$-H$_2$O 在 323.15 K 时的溶解度等温线，计算的结果如图 5-6 中实线所示。从图 5-6 中可以看出，预测的溶解度等温线与只用二元参数预测的溶解度等温线相比较，更加接近于本书工作的实验数据。

从以上用二元 PSC 参数和水活度拟合的三元混合 PSC 参数计算三元体系 KCl-SrCl$_2$-H$_2$O 的水活度与实验值的比较，我们可以判断，对于三元体系 KCl-SrCl$_2$-H$_2$O 的热力学性质表达仅用二元参数就可以达到目的。但如果比较预测的溶解度数据与实验值，那么加入混合参数后计算的溶解度更接近实验值。

## 5.5　本章小结

本书工作中使用等压法精细测定了三元体系 KCl-SrCl$_2$-H$_2$O 在 323.15 K 时的水活度，选用 PSC 模型对上述体系溶解度等温线进行了热力学计算。具体工作有：

（1）从三元体系 KCl-SrCl$_2$-H$_2$O 的等压实验研究结果发现，三元体系 KCl-SrCl$_2$-H$_2$O 中所有的等压组成点连线并不是直线，而是明显地偏离 Zdanovskii 规则，说明该体系中存在一定的离子缔合作用。

（2）本书中选择 PSC 模型对三元体系 KCl-SrCl$_2$-H$_2$O 的热力学性质进行了分析。利用文献报道的水活度和本书工作测定的水活度数据拟合了二元体系 KCl-H$_2$O

和 $SrCl_2$-$H_2O$ 的 PSC 模型二元参数。选择 PSC 模型并利用本书获得的和文献报道的 PSC 模型二元参数，利用本书测定的盐的溶解度数据，拟合获得了 323.15 K 时两个三元体系 KCl-$SrCl_2$-$H_2O$ 中存在的各种固相的 $lnK$。

（3）仅用本书获得的和文献报道的 PSC 模型二元参数，预测了 323.15 K 时三元体系 KCl-$SrCl_2$-$H_2O$ 的水活度及溶解度等温线。预测结果表明，对于三元体系 KCl-$SrCl_2$-$H_2O$，预测的水活度与等压实验结果标准偏差为 0.0007；预测的 323.15 K 时三元体系 KCl-$SrCl_2$-$H_2O$ 的溶解度等温线与文献报道和本书工作的实验数据有一定差别。

（4）利用 KCl-$H_2O$ 和 $SrCl_2$-$H_2O$ 体系的 PSC 模型二元参数，以及本书中用等压法测定的三元体系 KCl-$SrCl_2$-$H_2O$ 的水活度数据，拟合获得了三元体系 KCl-$SrCl_2$-$H_2O$ 的 PSC 模型混合参数。用上述 PSC 模型二元参数和 PSC 模型三元混合参数重新预测了 323.15 K 时三元体系 KCl-$SrCl_2$-$H_2O$ 的水活度以及溶解度等温线，与仅用 PSC 模型二元参数预测的水活度数据相比，用 PSC 模型二元参数和三元混合参数预测的三元体系 KCl-$SrCl_2$-$H_2O$ 的水活度与实验值偏差稍有增加，为 0.0016。同时，预测的 323.15 K 时三元体系 KCl-$SrCl_2$-$H_2O$ 的溶解度等温线与文献报道的数据偏差比 PSC 模型二元参数预测的溶解度与文献报道和本书的数据偏差变小。

# 参 考 文 献

[1] RARD J A, MILLER D G. Isopiestic determination of the osmotic and activity coefficients of aqueous CsCl, $SrCl_2$, and mixtures of NaCl and CsCl at 25 ℃ [J]. J. Chem. Eng. Data, 1982, 27: 169-173.

[2] RARD J A, MILLER D G. Isopiestic determination of the osmotic and activity coefficients of aqueous mixtures of NaCl and $SrCl_2$ at 25 ℃ [J]. J. Chem. Eng. Data, 1982, 32: 342-346.

[3] CLEGG S L, RARD J A, MILLER D G. Isopiestic determination of the osmotic and activity coefficients of NaCl + $SrCl_2$ + $H_2O$ at 298.15 K and representation with an extended ion-interaction model [J]. J. Chem. Eng. Data, 2005, 50: 1162-1170.

[4] GUO L J, SUN B, ZENG D W, et al. Isopiestic measurement and solubility evaluation of the Ternary System LiCl-$SrCl_2$-$H_2O$ at 298.15 K [J]. J. Chem. Eng. Data, 2012, 57: 817-827.

[5] GUO L J, ZENG D W, YAO Y, et al. Isopiestic measurement and solubility evaluation of the ternary system （$CaCl_2$ + $SrCl_2$ + $H_2O$） at $T$ = 298.15 K [J]. J. Chem. Thermodyn, 2013, 63: 60-66.

[6] PARTANEN J I. Re-evaluation of the mean activity coefficients of strontium chloride in dilute aqueous solutions from （10 to 60）℃ and at 25 ℃ up to the saturated solution where the molality is 3.520 mol/kg [J]. J. Chem. Eng. Data, 2013, 58: 2738-2747.

[7] HARKINS W D, PAINE H M. The effect of salts upon the solubility of other salts. Ⅷ a. The solubility relations of a very soluble bi-univalent salt [J]. Journal of the American Chemical

Society, 1916, 38 (12): 2709-2714.

[8] ASSARSSON G O. Equilibria in aqueous systems containing Sr$^{2+}$, K$^+$, Na$^+$ and Cl$^-$ [J]. Journal of Physical Chemistry, 1953, 57 (2): 207-210.

[9] FILIPPOV V K, FEDOROV Y A, CHARYKOV N A. Thermodynamics of phase equilibria in K$^+$, Sr$^{2+}$, Cl$^-$-H$_2$O, Na$^+$, Sr$^{2+}$, Cl$^-$-H$_2$O and Na$^+$, K$^+$, Sr$^{2+}$, Cl$^-$-H$_2$O systems at 25 ℃ [J]. zhurnal obshchei khimii, 1990, 60 (3): 492-497.

[10] 时历杰, 孙柏. 三元体系 KCl-SrCl$_2$-H$_2$O 25 ℃相平衡研究 [J]. 无机化学学报, 2010, 26 (2): 333-338.

[11] ZHANG X, SANG S H, ZHONG S Y, et al. Equilibria in the ternary system SrCl$_2$-KCl-H$_2$O and the quaternary system SrCl$_2$-KCl-NaCl-H$_2$O at 323 K [J]. Russian Journal of Physical Chemistry A, 2015, 89 (12): 2322-2326.

[12] CLEGG S L, RARD J A, PITZER K S. Thermodynamic properties of 0~6 mol/kg aqueous sulfuric acid from 273.15 K to 328.15 K [J]. J. Chem. Soc. Faraday Trans., 1994, 90: 1875-1894.

[13] PABALAN R T, PITZER K S. Thermodynamics of concentrated electrolyte mixtures and the prediction of mineral solubilities to high temperatures for mixtures in the system Na-K-Mg-Cl-SO$_4$-OH-H$_2$O [J]. Geochim. Cosmochim. Acta, 1987, 51 (9): 2429-2443.

# 6 三元体系 KCl-BaCl$_2$-H$_2$O 水活度、相平衡和模型研究

## 6.1 概　述

关于碱金属氯化物 KCl 与碱土金属氯化物 MgCl$_2$、CaCl$_2$、SrCl$_2$ 的水溶液的热力学性质已经在前面章节描述[1-3]。比如等压法测定水活度性质时，它们的等压组成线都是偏离于 Zdanovskii 规则的，偏离的方向也一致，那么 KCl 与碱土金属氯化物 BaCl$_2$ 的水溶液的热力学性质是否也符合这一规律，我们开展了实验研究，并在本章进行介绍。

有关三元体系 KCl-BaCl$_2$-H$_2$O 热力学性质的研究方面已有部分文献报道，Robinson 和 Bower[4-6]报道了在 298.15 K 时使用等蒸汽压法研究三元体系 KCl-BaCl$_2$-H$_2$O，NaCl-BaCl$_2$-H$_2$O 以及二元子体系 BaCl$_2$-H$_2$O 的热力学性质。Guendouzi 等人[7-10]报道了在 298.15 K 时使用测湿法研究二元体系 BaCl$_2$-H$_2$O，三元体系 NaCl-BaCl$_2$-H$_2$O、NH$_4$Cl-BaCl$_2$-H$_2$O，以及四元体系 NH$_4$Cl-NaCl-BaCl$_2$-H$_2$O 的热力学性质。Erge[11]报道了使用等温法研究了三元体系 BaCl$_2$-NaCl-H$_2$O 的溶解度。Zhou 等人[12]报道了三元体系 BaCl$_2$-NaCl-H$_2$O 在 308.15 K 的溶解度。Cao 等人[13]报道了四元体系 CaCl$_2$-SrCl$_2$-BaCl$_2$-H$_2$O 在 338.15 K 的相平衡。Urusova 等人[14]报道了三元体系 BaCl$_2$-NaCl-H$_2$O 在温度最高达 803.15 K 及压强最高 150MPa 时的相图。

## 6.2 三元体系 KCl-BaCl$_2$-H$_2$O 热力学性质的等压研究

测定体系 KCl-BaCl$_2$-H$_2$O 热力学性质的等压实验仪器和设备，所用到的试剂和溶液，混合储备液的配制方法，以及等压实验的方法和步骤与第 2 章中描述的相同，此处不再赘述。

本书工作利用等压法测定了三元体系 KCl-BaCl$_2$-H$_2$O 在 323.15 K 下的水活度数据。等压法测定的 323.15 K 时三元体系 KCl-BaCl$_2$-H$_2$O 的水活度结果列于表 6-1，表 6-1 中编号表示实验进行的第几批等压实验数据，其中最上面那行表示参考溶液的浓度和水活度，本实验全部采用硫酸溶液做参考溶液，而下面那几

行分别表示与参考溶液等蒸汽压（等水活度）时溶液中 KCl，BaCl$_2$ 的质量摩尔浓度。图 6-1 所示为根据表 6-1 中测定的等压实验数据绘制的三元体系 KCl-BaCl$_2$-H$_2$O 的等压实验点和等水活度线图。

**表 6-1　KCl-BaCl$_2$-H$_2$O 体系 323.15 K 下水活度数据实验结果**[①]

| 编号 | $m_{BaCl_2}/mol \cdot kg^{-1}$ | $m_{KCl}/mol \cdot kg^{-1}$ | 编号 | $m_{BaCl_2}/mol \cdot kg^{-1}$ | $m_{KCl}/mol \cdot kg^{-1}$ |
|---|---|---|---|---|---|
| 1 | $m_{H_2SO_4}=0.5624$ | $a_w=0.9799$ | 3 | 1.0877 | 0.2241 |
| | 0 | 0.6253 | | 1.2183 | 0 |
| | 0.0581 | 0.5372 | 4 | $m_{H_2SO_4}=2.1791$ | $a_w=0.9059$ |
| | 0.1160 | 0.4467 | | 0 | 2.8846 |
| | 0.1852 | 0.3506 | | 0.2664 | 2.4648 |
| | 0.2641 | 0.2365 | | 0.5294 | 2.0392 |
| | 0.3681 | 0.0759 | | 0.8217 | 1.5551 |
| | 0.4186 | 0 | | 1.1340 | 1.0154 |
| 2 | $m_{H_2SO_4}=1.2832$ | $a_w=0.9503$ | | 1.5219 | 0.3136 |
| | 0 | 1.5463 | | 1.6922 | 0 |
| | 0.1375 | 1.3319 | 5 | $m_{H_2SO_4}=2.8284$ | $a_w=0.8684$ |
| | 0.2880 | 1.1094 | | 0 | 3.9859 |
| | 0.4529 | 0.8572 | | 0.3666 | 3.3923 |
| | 0.6342 | 0.5679 | | 0.7254 | 2.7942 |
| | 0.8716 | 0.1796 | | 1.1194 | 2.1187 |
| | 0.9807 | 0.0000 | | 1.5320 | 1.3717 |
| 3 | $m_{H_2SO_4}=1.5877$ | $a_w=0.9362$ | 6 | $m_{H_2SO_4}=3.5379$ | $a_w=0.8229$ |
| | 0 | 1.9760 | | 0.0000 | 5.3014 |
| | 0.1749 | 1.6939 | | 0.4872 | 4.5074 |
| | 0.3663 | 1.4109 | | 0.9610 | 3.7017 |
| | 0.5725 | 1.0836 | | 1.4782 | 2.7977 |
| | 0.7983 | 0.7148 | | | |

① 水活度数据是根据文献 [15] 报道的 H$_2$SO$_4$-H$_2$O 体系渗透系数数据计算得到的。

　　在进行每一批的等压测定实验达到平衡后，等压箱内所有溶液的水活度都是相等的，本书工作中我们选择 H$_2$SO$_4$-H$_2$O 体系作为等压参考标准溶液[15]。在此实验过程中，在低浓度的情况下同时采用 KCl-H$_2$O 作为等压参考。每一批等压实验中，每个待测样品和参考溶液都是采用两个平行样，平行样之间浓度的相对误差小于 0.3%，表 6-1 中所列的浓度都为两个平行样之间的平均值。

　　为了便于更加清楚地比较，我们将等压实验测定的 323.15 K 时三元体系

KCl-BaCl₂-H₂O 的实验结果进行局部放大，如图 6-1（b）所示。由图 6-1 可知，三元体系 KCl-BaCl₂-H₂O 中所有的等压组成点连线几乎都不是直线，与三元体系 KCl-SrCl₂-H₂O 相似，也是明显地偏离于 Zdanovskii 规则，说明在该体系中也存在一定的离子缔合作用。

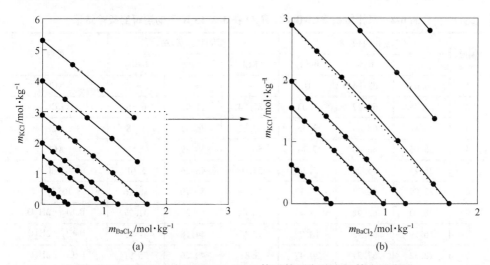

图 6-1    323.15 K 时 KCl-BaCl₂-H₂O 体系等压实验点和等水活度图
（图中虚线代表 Zdanovskii 规则线，实线连接的实心圆代表本书测定的实验值）

## 6.3    三元体系 KCl-BaCl₂-H₂O 相平衡研究

三元体系 KCl-BaCl₂-H₂O 相平衡研究所用的实验设备、试剂处理方法、实验步骤等与第 5 章介绍的三元体系 KCl-BaCl₂-H₂O 相平衡的研究方法一致，本节不再赘述。

### 6.3.1    分析方法

相平衡实验需要分析测定液相和平衡固相的组成，本书中固相的组成同时用湿渣法[16]和 X 射线辅助确定。溶液中各组分的含量采用化学分析方法获得，其中 Cl⁻采用 AgCl 沉淀重量法[17]测定，Ba²⁺含量采用 BaSO₄ 沉淀重量法[17]测定，K²⁺采用差减法计算得出。

### 6.3.2    三元体系 KCl-BaCl₂-H₂O 相平衡研究结果

三元体系 KCl-BaCl₂-H₂O 在 323.15 K 条件下测定的溶解度数据见表 6-2，将三元体系 KCl-BaCl₂-H₂O 在共饱点处的衍射图绘制于图 6-2，由图可清晰地判断，共饱点处的固相为 KCl 和 BaCl$_2$ · 2H$_2$O。根据表 6-2 绘制溶解度相图见图 6-3。由图 6-3 可见，三元体系 KCl-BaCl$_2$-H$_2$O 在 323.15 K 条件下存在两个固相结晶区，分别为 BaCl$_2$ · 2H$_2$O 和 KCl 结晶区，BaCl$_2$ · 2H$_2$O 的结晶区比 KCl 的结晶区明显更大，说明 BaCl$_2$ 的溶解度比 KCl 更小。

表 6-2　三元体系 KCl-BaCl$_2$-H$_2$O 在 323.15 K 下的溶解度实验结果

| 编号 | 液相组成/% | | | 湿固相组成/% | | | 固相 |
|---|---|---|---|---|---|---|---|
| | KCl | H$_2$O | BaCl$_2$ | KCl | H$_2$O | BaCl$_2$ | |
| 1 | 30.04 | 69.96 | 0 | — | — | — | KCl |
| 2 | 29.75 | 69.22 | 1.03 | 81.74 | 17.90 | 0.36 | KCl |
| 3 | 28.82 | 68.83 | 2.35 | 62.31 | 36.41 | 1.28 | KCl |
| 4 | 26.06 | 66.20 | 7.74 | 56.44 | 38.89 | 4.67 | KCl |
| 5 | 25.41 | 65.23 | 9.36 | 51.03 | 43.36 | 5.61 | KCl |
| 6 | 23.09 | 62.74 | 14.17 | 40.14 | 41.70 | 18.16 | KCl + BaCl$_2$ · 2H$_2$O |
| 7 | 20.63 | 63.92 | 15.45 | 16.44 | 52.29 | 31.27 | BaCl$_2$ · 2H$_2$O |
| 8 | 16.19 | 65.73 | 18.08 | 13.97 | 44.18 | 41.85 | BaCl$_2$ · 2H$_2$O |
| 9 | 12.32 | 67.21 | 20.47 | 3.83 | 40.26 | 55.91 | BaCl$_2$ · 2H$_2$O |
| 10 | 7.37 | 68.53 | 24.09 | 2.89 | 35.61 | 61.50 | BaCl$_2$ · 2H$_2$O |
| 11 | 3.16 | 69.25 | 27.59 | 1.21 | 32.78 | 66.01 | BaCl$_2$ · 2H$_2$O |
| 12 | 0 | 69.65 | 30.35 | — | — | — | BaCl$_2$ · 2H$_2$O |

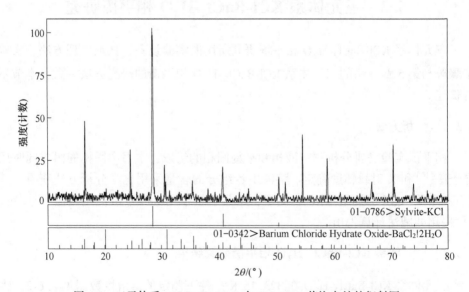

图 6-2　三元体系 KCl-BaCl$_2$-H$_2$O 在 323.15 K 共饱点处的衍射图

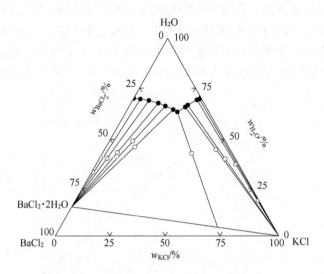

图 6-3 本书工作测定的三元体系 KCl-BaCl₂-H₂O 在 323.15 K 下的等温相图

●—本实验液相点；○—本实验湿固相点

## 6.4 KCl-BaCl₂-H₂O 体系热力学模型

### 6.4.1 Pitzer-Simonson-Clegg 模型二元参数

与前文涉及三元体系 KCl-CaCl₂-H₂O 和 KCl-SrCl₂-H₂O 的热力学模型类似，针对 KCl-BaCl₂-H₂O 体系，我们仍然选用 Pitzer-Simonson-Clegg 模型来描述它们的热力学性质。

如前文所述，对于 KCl-BaCl₂-H₂O 体系中的二元子体系 KCl-H₂O 体系的 PSC 模型二元参数，我们使用第 4 章计算的结果，也就是从文献［14］数据拟合得到，列于表 6-3。对于 BaCl₂-H₂O 体系的 PSC 模型二元参数，由于没有文献可以参考我们直接选取本书工作中的参数，结果一并列于表 6-3。

表 6-3　323.15 K 体系 KCl-H₂O 和 BaCl₂-H₂O 二元 PSC 模型参数

| 物质 | $\alpha_{MX}$ | $B_{MX}$ | $\alpha_{MX}^1$ | $B_{MX}^1$ | $W_{1,MX}$ | $U_{1,MX}$ | $V_{1,MX}$ | 数据来源 |
|------|------|------|------|------|------|------|------|------|
| BaCl₂ | 13 | 216.5201 | 2.0 | 0 | 108.9281 | 264.2422 | -174.5596 | 本书工作 |
| KCl | 13 | 5.3847 | 0 | 0 | -2.7595 | -1.3749 | 0 | 文献［3］ |

利用上述 KCl-H₂O 体系二元 PSC 模型参数（见表 6-3），我们回算了该体系

在 323.15 K 时的水活度，并将等压测定的实验值和回算的数据进行了比较，分别如图 6-4 所示。从图 6-4 中我们可以看出，用拟合得到的二元参数的 PSC 模型计算的 323.15 K 时的水活度与我们等压测定的和文献报道的一致，证明此套二元 PSC 模型参数能够成功地描述 KCl-H$_2$O 体系在 323.15 K 的水活度性质。

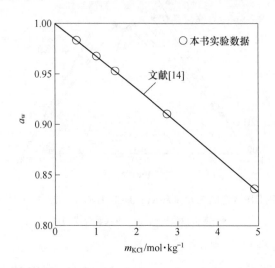

图 6-4　KCl-H$_2$O 体系 323.15 K 下水活度实验值与计算值对比图

### 6.4.2　三元体系 KCl-BaCl$_2$-H$_2$O 混合参数及溶解度计算

首先，把三元体系 KCl-BaCl$_2$-H$_2$O 的 PSC 模型三元混合参数设为零，即：$W_{MNX} = Q_{1,MNX} = U_{MNX} = 0$，仅用二元 PSC 模型参数直接预测 323.15 K 时三元体系 KCl-BaCl$_2$-H$_2$O 的水活度及等温溶解度。计算过程所有需要的溶解度参数列于表 6-4 中，这些溶解度参数是本书根据文献报道的溶解度使用 PSC 模型进行拟合获得的。仅用二元 PSC 模型参数预测获得的 323.15 K 时三元体系 KCl-BaCl$_2$-H$_2$O 的水活度及其与本书等压实验测定的数据的偏差见表 6-5。从表中可以看出，仅用二元参数预测的 323.15 K 时三元体系 KCl-BaCl$_2$-H$_2$O 的水活度与实验值的标准偏差较小仅为 0.0018。

表 6-4　323.15 K 体系 KCl-BaCl$_2$-H$_2$O 中盐的溶解度参数

| 盐 | $\ln K_{sp}^{\ominus}$ | 数据来源 |
| --- | --- | --- |
| KCl | −5.4856 | 文献 [3] |
| BaCl$_2$ · 2H$_2$O | −10.3593 | 本书工作 |

**表 6-5  PSC 模型计算的 KCl-BaCl$_2$-H$_2$O 体系 323.15 K 时的水活度及其与实验值的比较**

| $m_{KCl}/mol \cdot kg^{-1}$ | $m_{BaCl_2}/mol \cdot kg^{-1}$ | $a_w$ | | | 偏 差 | |
|---|---|---|---|---|---|---|
| | | 实验值 | 计算值 1[①] | 计算值 2[②] | 偏差 1[③] | 偏差 2[④] |
| 0 | 0.4186 | 0.9799 | 0.9799 | 0.9799 | 0 | 0 |
| 0.0759 | 0.3681 | 0.9799 | 0.9812 | 0.9798 | 0.0013 | -0.0001 |
| 0.2365 | 0.2641 | 0.9799 | 0.9827 | 0.9795 | 0.0028 | -0.0004 |
| 0.3506 | 0.1852 | 0.9799 | 0.9829 | 0.9796 | 0.0030 | -0.0003 |
| 0.4467 | 0.1160 | 0.9799 | 0.9825 | 0.9798 | 0.0026 | -0.0001 |
| 0.5372 | 0.0581 | 0.9799 | 0.9814 | 0.9798 | 0.0015 | -0.0001 |
| 0.6253 | 0 | 0.9799 | 0.9799 | 0.9799 | 0 | 0 |
| 0 | 0.9807 | 0.9503 | 0.9503 | 0.9503 | 0 | 0 |
| 0.1796 | 0.8716 | 0.9503 | 0.9571 | 0.9497 | 0.0068 | -0.0006 |
| 0.5679 | 0.6342 | 0.9503 | 0.9658 | 0.9488 | 0.0155 | -0.0015 |
| 0.8572 | 0.4529 | 0.9503 | 0.9669 | 0.9486 | 0.0166 | -0.0017 |
| 1.1094 | 0.288 | 0.9503 | 0.9640 | 0.9489 | 0.0137 | -0.0014 |
| 1.3319 | 0.1375 | 0.9503 | 0.9583 | 0.9497 | 0.0080 | -0.0006 |
| 1.5463 | 0 | 0.9503 | 0.9503 | 0.9503 | 0 | 0 |
| 0 | 1.2183 | 0.9362 | 0.9362 | 0.9362 | 0 | 0 |
| 0.2241 | 1.0877 | 0.9362 | 0.9465 | 0.9354 | 0.0103 | -0.0008 |
| 0.7148 | 0.7983 | 0.9362 | 0.9601 | 0.9341 | 0.0239 | -0.0021 |
| 1.0836 | 0.5725 | 0.9362 | 0.9621 | 0.9338 | 0.0259 | -0.0024 |
| 1.4109 | 0.3663 | 0.9362 | 0.9576 | 0.9342 | 0.0214 | -0.0020 |
| 1.6939 | 0.1749 | 0.9362 | 0.9489 | 0.9355 | 0.0127 | -0.0007 |
| 1.9760 | 0 | 0.9362 | 0.9362 | 0.9362 | 0 | 0 |
| 0 | 1.6922 | 0.9059 | 0.9059 | 0.9059 | 0 | 0 |
| 0.3136 | 1.5219 | 0.9059 | 0.9247 | 0.9046 | 0.0188 | -0.0013 |
| 1.0154 | 1.1340 | 0.9059 | 0.9512 | 0.9025 | 0.0453 | -0.0034 |
| 1.5551 | 0.8217 | 0.9059 | 0.9560 | 0.9021 | 0.0501 | -0.0038 |
| 2.0392 | 0.5294 | 0.9059 | 0.9479 | 0.9027 | 0.0420 | -0.0032 |
| 2.4648 | 0.2664 | 0.9059 | 0.9311 | 0.9039 | 0.0252 | -0.0020 |
| 2.8846 | 0 | 0.9059 | 0.9058 | 0.9058 | -0.0001 | -0.0001 |
| 1.3717 | 1.5320 | 0.8684 | 0.9474 | 0.8657 | 0.0790 | -0.0027 |
| 2.1187 | 1.1194 | 0.8684 | 0.9565 | 0.8647 | 0.0881 | -0.0037 |
| 2.7942 | 0.7254 | 0.8684 | 0.9426 | 0.8651 | 0.0742 | -0.0033 |

| $m_{KCl}$/mol · kg$^{-1}$ | $m_{BaCl_2}$/mol · kg$^{-1}$ | $a_w$ | | | 偏 差 | |
|---|---|---|---|---|---|---|
| | | 实验值 | 计算值 1[①] | 计算值 2[②] | 偏差 1[③] | 偏差 2[④] |
| 3.3923 | 0.3666 | 0.8684 | 0.9128 | 0.8662 | 0.0444 | −0.0022 |
| 3.9859 | 0 | 0.8684 | 0.8683 | 0.8683 | −0.0001 | −0.0001 |
| 2.7977 | 1.4782 | 0.8229 | 0.9728 | 0.8264 | 0.1499 | 0.0035 |
| 3.7017 | 0.961 | 0.8229 | 0.9476 | 0.8244 | 0.1247 | 0.0015 |
| 4.5074 | 0.4872 | 0.8229 | 0.8964 | 0.8230 | 0.0735 | 0.0001 |
| 5.3014 | 0 | 0.8229 | 0.8228 | 0.8228 | −0.0001 | −0.0001 |
| $\sigma$[⑤] | | | | | 0.0450 | 0.0018 |

① 计算值 1：只使用纯盐参数计算的水活度值。

② 计算值 2：使用纯盐参数和水活度数据拟合的三元混合参数计算的水活度值。

③ 偏差 1 = $a_w$(实验值) − $a_w$(计算值 1)。

④ 偏差 2 = $a_w$(实验值) − $a_w$(计算值 2)。

⑤ 标准偏差 $\sigma = \sqrt{\dfrac{1}{n}\sum_{i=1}^{n}\left[a_w(实验值) - a_w(计算值)\right]^2}$。

我们仅用二元 PSC 模型参数预测计算了三元体系 KCl-BaCl$_2$-H$_2$O 在 323.15 K 时的溶解度等温线，计算的结果如图 6-5 中虚线所示。从图 6-5 中可以看出，预测的溶解度等温线与文献报道的溶解度数据都比较吻合。

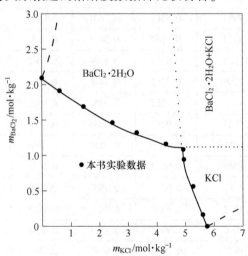

图 6-5　模型计算的 KCl-BaCl$_2$-H$_2$O 体系 323.15 K 时的溶解度等温线及其与文献
报道的实验数据比较

(图中所有的线表示用 PSC 模型预测的溶解度等温线：−−表示只使用二元模型参数预测的溶解度等温线；
—表示同时使用二元参数和用水活度拟合的三元混合参数预测的溶解度等温线)

从以上仅用二元参数计算三元体系 $KCl-BaCl_2-H_2O$ 的水活度和溶解度及其与实验测定数据的比较，我们可以判断，对于三元体系 $KCl-BaCl_2-H_2O$ 的热力学性质表达和溶解度预测，仅用二元参数预测的溶解度等温线偏差巨大，完全不能接受。

利用已经获得的二元 PSC 模型参数和等压法测定的 323.15 K 时三元体系 $KCl-BaCl_2-H_2O$ 的水活度数据，我们拟合获得了三元体系 $KCl-BaCl_2-H_2O$ 的 PSC 模型三元混合参数，见表6-6。利用二元 PSC 模型参数（见表6-3）和拟合的三元混合参数（见表6-6）及溶解度参数（见表6-4），我们再次计算了三元体系 $KCl-BaCl_2-H_2O$ 在 323.15 K 时的水活度及其与实验值的偏差，见表6-5。从表6-5 中我们可以看出，对于三元体系 $KCl-BaCl_2-H_2O$，与仅用二元参数的模型计算值相比，与等压实验测定的水活度的偏差明显变小，计算的三元体系 $KCl-BaCl_2-H_2O$ 的水活度与实验值的标准偏差为 0.0018。

表 6-6　323.15 K 体系 $KCl-BaCl_2-H_2O$ 的 PSC 模型混合参数

| $i$ | $j$ | $k$ | $W_{ijk}$ | $Q_{1,ijk}$ | $U_{ijk}$ | 拟合模型混合参数数据来源 | $\sigma^{①}$ |
|---|---|---|---|---|---|---|---|
| K | Ba | Cl | 84.7 | 0 | 0 | 表 6-1 中的水活度数据和<br>表 6-2 中的溶解度数据 | 0.0018 |

① 标准偏差 $\sigma = \sqrt{\dfrac{1}{n}\sum_{i=1}^{n}\left[a_w(\text{实验值}) - a_w(\text{计算值})\right]^2}$。

随后，我们用二元参数和上述水活度拟合的三元混合参数计算了三元体系 $KCl-BaCl_2-H_2O$ 在 323.15 K 时的溶解度等温线，计算的结果如图6-6（实线）所示。从图6-6 中可以看出，预测的溶解度等温线与只用二元参数预测的溶解度等温线相比较，非常接近于本书工作的实验数据。

从以上用二元 PSC 参数和水活度拟合的三元混合 PSC 参数计算三元体系 $KCl-BaCl_2-H_2O$ 的水活度与实验值的比较，我们可以判断，对于三元体系 $KCl-BaCl_2-H_2O$ 的热力学性质和溶解度的表达都需要加入混合参数后计算结果才更准确。

## 6.5　本章小结

本书中使用等压法精细测定了三元体系 $KCl-BaCl_2-H_2O$ 在 323.15 K 时的水活度，选用 PSC 模型对上述体系溶解度等温线进行了热力学计算。具体工作有：

（1）从三元体系 $KCl-BaCl_2-H_2O$ 的等压实验研究结果，我们发现三元体系 $KCl-BaCl_2-H_2O$ 所有的等压组成点连线并不是直线，而是明显地偏离 Zdanovskii 规则，说明该体系中存在一定的离子缔合作用。

（2）本书选择 PSC 模型对三元体系 KCl-BaCl$_2$-H$_2$O 的热力学性质进行了分析。利用文献报道的水活度和本书工作测定的水活度数据拟合了二元体系 KCl-H$_2$O 和 BaCl$_2$-H$_2$O 的 PSC 模型二元参数。选择 PSC 模型并利用本书获得的和文献报道的 PSC 模型二元参数，利用本书工作测定的盐的溶解度数据，拟合获得了 323.15 K 时两个三元体系 KCl-BaCl$_2$-H$_2$O 中存在的各种固相的 ln$K$。

（3）工作中仅用本书获得的和文献报道的 PSC 模型二元参数，预测了 323.15 K 时三元体系 KCl-BaCl$_2$-H$_2$O 的水活度以及溶解度等温线。预测结果表明，对于三元体系 KCl-BaCl$_2$-H$_2$O，预测的水活度与等压实验结果标准偏差为 0.0450；预测的 323.15 K 时三元体系 KCl-BaCl$_2$-H$_2$O 的溶解度等温线与文献报道和本书工作的实验数据相差巨大。

（4）利用 KCl-H$_2$O 和 BaCl$_2$-H$_2$O 体系的 PSC 模型二元参数，以及本书工作中用等压法测定的三元体系 KCl-BaCl$_2$-H$_2$O 的水活度数据，拟合获得了三元体系 KCl-BaCl$_2$-H$_2$O 的 PSC 模型混合参数。用上述 PSC 模型二元参数和 PSC 模型三元混合参数，我们重新预测了 323.15 K 时三元体系 KCl-BaCl$_2$-H$_2$O 的水活度以及溶解度等温线。与仅用 PSC 模型二元参数预测的水活度数据相比，用 PSC 模型二元参数和三元混合参数预测的三元体系 KCl-BaCl$_2$-H$_2$O 的水活度与实验值偏差明显变小，为 0.0018。同时，预测的 323.15 K 时三元体系 KCl-BaCl$_2$-H$_2$O 的溶解度等温线与本书工作的实验数据非常一致。

# 参 考 文 献

［1］ HAN H J, LI D D, GUO L J, et al. Isopiestic measurements of water activity for the NaCl-KCl-MgCl$_2$-H$_2$O systems at 323.15 K ［J］. J. Chem. Eng. Data, 2015, 60: 1139-1145.

［2］ HAN H J, GUO L J, LI D D, et al. Isopiestic determination of water activity on the systems MCl-CaCl$_2$-H$_2$O (M=Na, K) at 323.15 K ［J］. J. Chem. Eng. Data, 2015, 60: 2285-2290.

［3］ HAN H J, GUO L J, LI D D, et al. Water activity and phase equilibria measurements and model simulation for the KCl-SrCl$_2$-H$_2$O System at 323.15 K ［J］. J. Chem. Eng. Data, 2015, 62: 3753-3757.

［4］ ROBINSON R A. A thermodynamic study of bivalent metal halides in aqueous solution. Part Ⅱ. The activity coefficients of calcium, strontium and barium chloride at 25° ［J］. Trans. Faraday Soc., 1940, 36: 735-738.

［5］ ROBINSON R A, BOWER V E. Thermodynamics of ternary system water-sodium chloride-barium chloride at 25 ℃ ［J］. J. Res. Natl. Bur. Stand, 1965, 69A: 19-27.

［6］ ROBINSON R A, BOWER V E. Properties of aqueous mixtures of pure salts-thermodynamics of ternary system water-potassium chloride-barium chloride at 25° ［J］. J. Res. Natl. Bur. Stand., 1965, 69A: 439-448.

［7］ GUENDOUZI M E, DINANE A, MOUNIR A. Water activities, osmotic and activity coefficients in aqueous chloride solutions at $T$ = 298.15 K by the hygrometric method ［J］. J. Chem.

Thermodyn. , 2001, 33, 1059-1072.

[8] GUENDOUZI M E, AZOUGEN R. Thermodynamic properties of aqueous mixed ternaries $\{yNH_4Cl + (1-y)BaCl_2\}$ (aq) and $\{yNH_4Cl+(1-y)CaCl_2\}$ (aq) at 298. 15 K [J]. Calphad, 2007, 31, 201-208.

[9] GUENDOUZI M E, BENBIYI A, DINANE A, et al. Determination of water activities and osmotic and activity coefficients of the system $NaCl-BaCl_2-H_2O$ at 298. 15 K [J]. Calphad, 2003, 27: 375-381.

[10] GUENDOUZI M E, AZOUGEN R. Thermodynamic properties of quaternary aqueous solutions of chlorides charge-type 1-1 * 1-1 * 2-1: $NH_4Cl+NaCl \mid YCl_2+H_2O$ with $Y = Mg^{2+}$, $Ca^{2+}$, and $Ba^{2+}$ [J]. J. Solution Chem. 2010, 39: 603-621.

[11] ERGE H, ADIGUZEL V, ALISOGLU V. Study of the solubility in $Na-Ba-Cl-H_2O$, $Na-Ba-H_2PO_2-H_2O$, $Na-Cl-H_2PO_2-H_2O$, and $Ba-Cl-H_2PO_2-H_2O$ ternaries, and in $Na^+$, $Ba^{2+}/Cl^-$, $(H_2PO_2)^-//H_2O$ reciprocal quaternary system at 0 ℃ [J]. Fluid Phase Equilibr. , 2013, 344: 13-18.

[12] ZHOU J L, FAN J M, LI C C, et al. Measurement and research on the solubility of $BaCl_2-NaCl-H_2O$ system at 35 ℃ [J]. Inner Mongolia Petrochemical Industry (in Chin. ), 2010, 36 (11): 20-22.

[13] CAO D Q, JIN Y, CHEN H, et al. Phase equilibria determination and solubility calculation of the quaternary system $CaCl_2-SrCl_2-BaCl_2-H_2O$ at 338. 15 K [J]. CIESC Journal, 2021, 72 (10): 5028-5039.

[14] URUSOVA M A, MAKAEV S V, MALEEVA E V, et al. Phase diagram of $BaCl_2-NaCl-H_2O$ at temperatures up to 530 ℃ and pressures up to 150 MPa [J]. Russ. J. Phys. Chem. B, 2011, 5 (7): 1173-1188.

[15] PITZER K S. Activity Coefficients in Electrolyte Solutions [M]. Boca Raton: CRC, 1991.

[16] KOLTHOFF M, SANDELL E B, MEEHAN E J. Quantitative Chemical Analysis [M]. New York: Macmillan, 1969.

[17] SCHREINEMAKERS F A H. Graphical Deductions from the Solution Isotherms of a double salt and its components [J]. Z. Phys. Chem. , 1893, 11: 75-109.

# 7 三元体系 NaCl-MgCl₂-H₂O 共饱线的测定及其在水氯镁石提纯过程的应用

## 7.1 概 述

在盐湖及海洋化工过程产出的粗制水氯镁石（$MgCl_2 \cdot 6H_2O(s)$），其纯度可达95%左右。只有除去其中的氯化钠与氯化钾，才能实现产品的升级与增值。传统的提纯水氯镁石的方法就是重结晶法。众所周知，重结晶提纯的方法具有工艺简单，操作性好，成本低廉等众多优点，广泛应用于试剂提纯过程[1-11]。应用该重结晶的方法，我们试着提纯水氯镁石，结果发现，当样品中 NaCl 含量较低时，较容易通过重结晶法除去，而样品中 NaCl 杂质含量很高时反而不容易被除去，有时，不管经过多少次重结晶，重结晶产品中 NaCl 杂质的含量（$w(NaCl)/[w(NaCl) + w(MgCl_2)] \times 100\%$）都难以除到1%以下。这些反常的现象一直使我们困惑不已。我们考虑，既然在重结晶产品 $MgCl_2 \cdot 6H_2O(s)$ 中含有 $NaCl(s)$，则说明 $NaCl(s)$ 与 $MgCl_2 \cdot 6H_2O(s)$ 是一并析出的，那在 NaCl-MgCl₂-H₂O 体系中上述两固相共饱线的规律应该对上述奇异现象的解释，以及重结晶提纯新工艺的确定提供重要的参考作用。事实上，在此之前人们已对三元体系 NaCl-MgCl₂-H₂O 在各个温度下的溶解度等温线（包括 $NaCl(s)$ 与 $MgCl_2 \cdot 6H_2O(s)$ 的共饱点）进行了广泛的研究[12-24]。然而，当我们把所有文献报道的共饱点放到一起进行比较，却发现已有研究结果杂乱无章，无法总结出 $MgCl_2 \cdot 6H_2O(s)$ 与 $NaCl(s)$ 共同析出的任何规律。为此，我们拟通过必要的相平衡实验，精确测定 $NaCl(s)$ 与 $MgCl_2 \cdot 6H_2O(s)$ 共饱线，探讨研究在重结晶过程避免共同析盐的结晶提纯方法，形成水氯镁石的最佳结晶提纯工艺技术路线。

## 7.2 三元体系 NaCl-MgCl₂-H₂O 共饱线测定

本章所用实验仪器和设备、实验试剂、实验方法与第5章描述的相平衡研究方法一致。

### 7.2.1 实验结果

实验所测得的 $NaCl_2(s)$ 与 $MgCl_2 \cdot 6H_2O(s)$ 在不同温度下的共饱点组成列

于表 7-1 绘于图 7-1。ICP-AES 分析的结果和化学分析的结果基本一致，表明实验结果的可靠性。由图 7-1 可见，该体系的共饱线随温度的升高而偏向于 NaCl 一边。

**表 7-1  实验测定的三元体系 NaCl+MgCl$_2$+H$_2$O 在不同温度下共饱点组成**

| 温度/K | 分析方法[①] | 组成/% | | $w_{NaCl}/(w_{NaCl} + w_{MgCl_2}) \times 100\%$ | 固相[②] |
| --- | --- | --- | --- | --- | --- |
| | | MgCl$_2$ | NaCl | | |
| 298.15 | ICP-AES | 35.4 | 0.37 | 1.045% | Bis+NaCl |
| 298.15 | 化学分析 | 35.4 | 0.33 | 0.932% | Bis+NaCl |
| 323.15 | ICP-AES | 36.8 | 0.39 | 1.059% | Bis+NaCl |
| 323.15 | 化学分析 | 36.8 | 0.35 | 0.951% | Bis+NaCl |
| 348.15 | ICP-AES | 38.7 | 0.43 | 1.111% | Bis+NaCl |
| 348.15 | 化学分析 | 38.7 | 0.47 | 1.214% | Bis+NaCl |

① ICP-AES 法：Mg$^{2+}$含量采用 EDTA 络合滴定法测定，Na$^+$含量用 ICP 法分析；化学分析法：Mg$^{2+}$含量采用 EDTA 络合滴定法测定，Cl$^-$采用 AgCl 沉淀重量法测定，Na$^+$采用差减法计算得出。

② Bis 为 MgCl$_2 \cdot 6H_2O$。

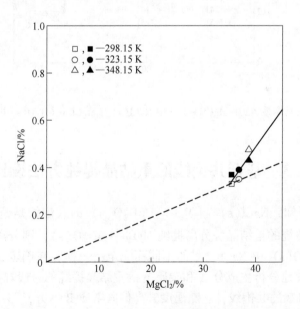

图 7-1  MgCl$_2 \cdot 6H_2O(s)$ 与 NaCl(s) 共饱线组成随温度而变化的关系

(空心符号代表由化学分析方法测定的共饱点组成；实心符号代表由 ICP-AES 测定的实验结果；实线是根据测定的共饱点拟合的共饱线；虚线是原点与实验测定的 298.15 K 共饱点之间的连线)

### 7.2.2　实验结果与文献值的比较

前已述及，关于 $MgCl_2 \cdot 6H_2O(s)$ 与 $NaCl(s)$ 在不同温度下的共饱点文献 [12]-[24] 已有大量报道，我们把它们总结在图 7-2 中。可见，当温度在 298. 15 K 和 373. 15 K 之间变化时，文献报道的共饱点数据在 0. 1% ~ 1% NaCl 和 35% ~ 42% MgCl₂ 之间变化，基于这些数据，人们难以确定共饱线随温度而变化的规律。本书的实验结果（见图 7-2 中实线）表明，共饱线随温度的升高明确地偏向于 NaCl 一方，这一结论对利用重结晶法的提纯方案的确定非常重要。

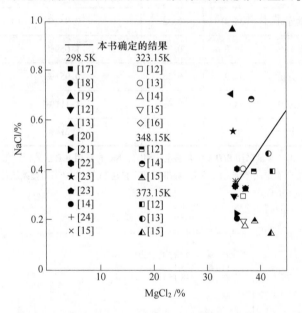

图 7-2　在三元体系 NaCl+MgCl₂+H₂O 中 NaCl(s) 与 MgCl₂·6H₂O(s) 共饱点的比较

## 7.3　基于共饱线的重结晶提纯方法设计

由图 7-1 可知，$NaCl(s)$ 与 $MgCl_2 \cdot 6H_2O(s)$ 的共饱线是偏向 $NaCl(s)$ 一方。如果是用传统的重结晶法分离提纯 $MgCl_2 \cdot 6H_2O(s)$，则分离的效果会依据粗 $MgCl_2 \cdot 6H_2O(s)$ 中 NaCl 含量的不同而完全不一样。在确定分离结晶技术路线以前，先系统地分析主成分 A 和杂质 B 的重结晶提纯的一般规律。图 7-3 中的 *LM* 线表示 A 和 B 的共饱线，它随温度升高偏向杂质 B 一方，与本书中研究的对象体系 NaCl-MgCl₂-H₂O 类似。

当待提纯样品 A 在室温（$T_1$）经溶解过滤的滤液中杂质 B 含量低于该温度下溶解度共饱点（$M$）的杂质含量时，如图 7-3（a）中 $Q$ 点所示。$Q$ 点处于待提纯物质 A 的溶解度线 $MM''$ 上。$Q$ 点含 A 的干基质量分数为 SB/AB，在 $T_2$ 温度下进行等温蒸发至固相 A 刚好饱和时，溶液组成由 $Q$ 变为 $P$。冷却结晶，纯 A 相析出。当温度冷却到 $T_3$ 时，杂质 B 开始析出。当冷却到室温时，固相组成变为 $S_1$。液固分离后，获得含 A 为 $S_1B/AB$ 的固相。由于 $S_1B/AB>SB/AB$，可见通过常规的重结晶方法，即可将 A 提纯。重复上述过程，即可将 A 提到任何所希望的纯度。

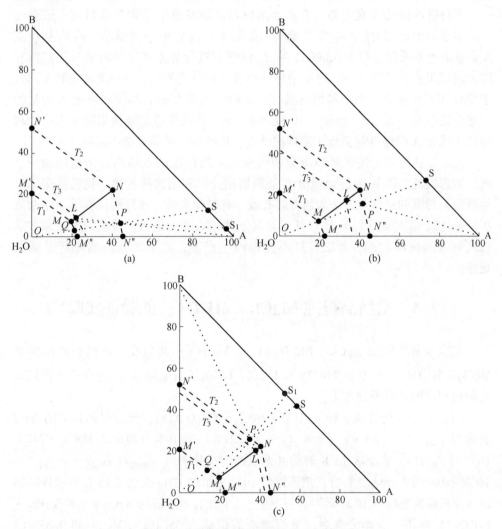

图 7-3 共饱线偏向于杂质盐的重结晶过程

当待提纯样品 A 在室温（$T_1$）经溶解过滤的滤液中杂质 B 含量等于该温度下溶解度共饱点（$M$）的杂质含量时，如图 7-3（b）所示。溶液中 $M$ 点含 A 的干基质量分数为 SB/AB，在 $T_2$ 温度下进行等温蒸发至固相 A 刚好饱和时，溶液组成由 M 变为 P。冷却结晶，主成分 A 相首先析出。当温度冷却到 $T_3$ 时，杂质 B 开始析出。如果我们在温度冷却到 $T_3$ 以前即把固相与液相分离，就能得到纯度相当高的固相，否则，当冷却到室温时，固相组成又变为 S。可见通过常规的重结晶方法，获得的主成分 A 的纯度与原来一样。传统的重结晶方法不能将 A 提纯。

当待提纯样品 A 在室温（$T_1$）经溶解过滤的滤液中杂质 B 含量高于该温度下溶解度共饱点（M）的杂质含量时，如图 7-3（c）中 Q 点所示，溶液中 Q 点 A 含量的干基质量分数为 SB/AB，在 $T_2$ 温度下进行等温蒸发至固相 B 刚好饱和时，溶液组成由 Q 变为 P。冷却结晶，杂质 B 相首先析出。当温度冷却到 $T_3$ 时，主成分 A 开始析出。当冷却到室温时，固相组成变为 $S_1$，其固相组成 A 含量的干基分数变为 $S_1B/AB$。由于 $S_1B/AB < SB/AB$，可见通过常规的重结晶方法，获得的主成分 A 的纯度甚至低于原样的纯度。传统的重结晶方法不能将 A 提纯。

总之，通过对上述 3 种情况分析可知，采用传统的重结晶方法提纯物质 A 时，能否提纯与粗 A 中的杂质 B 含量密切相关。利用这些规律，我们就能很好地理解，传统的重结晶方法为何有时有效，有时却失效。当待提纯物质 A 中杂质 B 含量（以 $w_B/(w_A+w_B)$ 计）低于常温下共饱点的比值时，传统的重结晶方法就能有效的提纯产品，反之，则不能提纯主产品，甚至所获得的主产品质量更差。

## 7.4   重结晶提纯 MgCl₂·6H₂O(s) 的验证实验

根据本书测定的 $MgCl_2 \cdot 6H_2O(s)$ 与 $NaCl(s)$ 共饱线，再结合待提纯盐 $MgCl_2 \cdot 6H_2O(s)$ 在室温 298.15 K 下加水重溶过滤后杂质 NaCl 的含量，我们就可制定相应的结晶提纯方案。

（1）我们首先处理一种待提纯的 $MgCl_2 \cdot 6H_2O$ 原料，分析得知其中的 NaCl 含量为 $w_{NaCl}/(w_{NaCl} + w_{MgCl_2}) \times 100\% = 1.21\%$，高于本书测定的 $MgCl_2 \cdot 6H_2O$ (s) 与 $NaCl(s)$ 在 298.15 K 时的共饱点的对应比例（$w_{NaCl}/(w_{NaCl} + w_{MgCl_2}) \times 100\% = 0.988\%$，见表 7-1）。把该原料 1000 g 加水 170g 在 298.15 K 下搅拌溶解 24 h，观察发现约有 10% 未溶解的固体，其中含有未溶解的 NaCl(s) 和 $MgCl_2 \cdot 6H_2O(s)$ 晶体。液固分离后，分析滤液的组成为 35.4% 的 $MgCl_2$ 和 0.35% 的 NaCl。这样溶液组成恰好落在 298.15 K 下 NaCl(s) 和 $MgCl_2 \cdot 6H_2O(s)$ 的共饱点处，相当于图 7-3（b）中的 M 点。这样，我们就制定了在高温下蒸发、结晶和液-固分离的结晶路线。首先，把滤液在 373.15 K 左右蒸发浓缩，直至刚好有 $MgCl_2 \cdot 6H_2O(s)$ 析出，稍稍降低温度后，发现有大量的 $MgCl_2 \cdot 6H_2O(s)$ 固相

结晶析出，在此高温下进行固液分离，分析固相中 NaCl 含量为 $w_{NaCl}/(w_{NaCl} + w_{MgCl_2}) \times 100\% = 0.17\%$。可见，通过低温溶解，高温浓缩和相分离，即可实现主成分的结晶纯化。

（2）我们再处理一批纯度较高的 $MgCl_2 \cdot 6H_2O$ 样品，分析得知其中的 NaCl 含量为 $w_{NaCl}/(w_{NaCl} + w_{MgCl_2}) \times 100\% = 0.15\%$，低于本书测定的 $MgCl_2 \cdot 6H_2O$ (s) 与 NaCl(s) 在 298.15 K 时的共饱点的对应比例（0.988%，见表7-1），相当于图 7-3（a）中 Q 点。我们应用传统的重结晶方法来提纯该样品。把该原料 1000 g 加入适量的 373.15 K 水溶解，加水量直至固相刚好溶解完为止。冷却搅拌结晶至室温。固液分离后，分析固相中 NaCl 含量为 $w_{NaCl}/(w_{NaCl} + w_{MgCl_2}) \times 100\% = 0.08\%$。

可见，依据相图原理和本书可靠的溶解度共饱点实验数据，再结合原料中杂质的初始含量，设计不同的重结晶提纯路线，均可成功地实现产品的提纯。

## 参 考 文 献

[1] 杨仁春，何立慧，李佐虎，等. 铬酸钠与氯化钠的分离 [J]. 无机盐工业，2001，33 (5)：5-7.

[2] 畅柱国，杨孟林，朱亚娟，等. 分析纯乙酸钡的制备新工艺 [J]. 西北大学学报（自然科学版），2002，32 (2)：131-133.

[3] 谢东. 重结晶法提纯生产试剂钼酸铵 [J]. 湖北化工，2002，2：29，45.

[4] 张罡. 农用硝酸钾提纯制取工业硝酸钾 [J]. 化肥设计，2003，41：16-18.

[5] 王兰君，范英霞. 食品级硫酸镁生产工艺的研究 [J]. 盐业与化工，2007，36 (4)：18-20.

[6] 汤迪勇，张莉，毛静，等. 硫酸渣制备高纯度硫酸亚铁 [J]，再生利用. 2009，2 (2)：38-40.

[7] 苏志川. 重结晶法制取亚硫酸钠的研究 [J]. 中国新技术新产品，2011，15：138-139.

[8] 屠兰英，赵启文，崔小琴. 纯碱副产物氯化钙的提纯实验研究 [J]. 无机盐工业，2012，44 (8)：32-39.

[9] 李尚杰，刘玉存，刘媛，等. 苦味酸钾重结晶技术的研究 [J]. 化工中间体，2012，42 (3)：58-60.

[10] 杨超，王文磊，曾德文，等. 脱除硫酸锰溶液中杂质镁的研究 [J]. 有色金属（冶炼部分），2012，8：39-44.

[11] 任冬艳，苑春，曹笃盟，等. 重结晶法制备高品质硝酸镍的工艺研究 [J]. 广州化工，2012，40 (7)：126-127.

[12] LEIMBACH G, PFEIFFENBERG A. Quaternary system: Sodium nitrate-sodium sulfate-magnesium chloride-water from 0 to 100 ℃ [J]. Caliche, 1929, 11: 61-85.

[13] SIEVERTS A, MULLER H. The reciprocal salt pair $MgCl_2$, $Na_2(NO_3)_2$, $H_2O$ [J]. Z. Anorg. Allg. Chem., 1930, 189: 241-257.

[14] KURNAKOV N S, OSOKOREVA N A. Handbook of Experimental Data on Solubility of Multicomponent Water-Salt Systems, Vol. 1: Three-Component Systems, Book 2 [M]. 2nd ed. Zdanovskii A B, Solov'eva E F, Lyakhovskaya E I. Khimia: Leningrad, 1973: 285.

[15] MAJIMA K, TEJIMA M, OKA S. Natural Gas Brine. Ⅳ. Phase equilibriums in ternary systems MgCl$_2$-CaCl$_2$-H$_2$O and NaCl-MgCl$_2$-H$_2$O and a quaternary system NaCl-MgCl$_2$-CaCl$_2$-H$_2$O at 50 ℃ [J]. Bull. Soc. Sea Water Sci. Jpn. , 1969, 23: 113-117.

[16] ZDANOVSKII A B, SOLOV'EVA E F, LYAKHOVSKAYA E I. Handbook of Experimental Data on Solubility of Multicomponent Water-Salt Systems, Vol. 1: Three-Component Systems, Book 2 [M]. 2nd ed. ; Khimia: Leningrad, 1973: 297.

[17] KURNAKOV N S, ZEMCUZNYJ S F. The equilibrium of the reciprocal system sodium chloride-magnesium sulfate in application to natural brins [J]. Journal of Russian Physical Chemistry Society, 1919, 51 (1): 1-59.

[18] TAKEGAMI S. Reciprocal salt pairs: Na$_2$Cl$_2$ + MgSO$_4$ =Na$_2$SO$_4$ + MgCl$_2$ at 25 ℃ [J]. Memoirs of the College of Science, Kyoto Imperial University, 1921, 4: 317-342.

[19] KEITEL H. The system KCl-MgCl$_2$-H$_2$O and NaCl-MgCl$_2$-H$_2$O [J]. Caliche, 1923, 17: 248-251, 261-265.

[20] NIKOLAEV V I, BUROVAYA E E. Surface tension and viscosity in the reciprocal system sodium chloride-magnesium sulfate [J]. Izvestiya Sektora Fiziko-Khimicheskogo Analiza, Institut Obshchei i Neorganicheskoi Khimii, Akademiya Nauk SSSR, 1938, 10: 248-258.

[21] RODE T V. Vapor pressure and solubility of ternary aqueous systems formed by sodium and magnesium shlorides and sulfates at 25 ℃ [J]. Izvestiya Sektora Fiziko-Khimicheskogo Analiza, Institut Obshchei i Neorganicheskoi Khimii, Akademiya Nauk SSSR. 1941, 14: 395-409.

[22] VAN'T HOFF J H. Zur bildung der ozeanischen salzablagerungen [J]. J. Inorg. Chem. , 1905, 47: 244-280.

[23] ZDANOVSKII A B. Solubility Handbook of salt Aqueous System (Russion) [M]. Moscow: The Geochemical Press, 1973.

[24] ZDANOVSKII A B. Kinetic method of determination of solubilities [J]. Zhurnal Prikladnoi Khimii (Sankt-Peterburg, Russian Federation), 1947, 20: 1248-1254.

# 8 三元体系 $CaCl_2$-$SrCl_2$-$H_2O$ 相平衡在高钙锶比卤水体系中分离提取氯化锶的应用

## 8.1 概　述

锶是一种银白色带黄色光泽的碱土金属，在地壳中的储量为 0.02% ~ 0.04%。锶及其化合物因其特有的物理及化学性质，在材料、冶金、光学、军事、医药等领域均有应用[1]。锶资源在自然界中主要以硫酸盐（天青石 $SrSO_4$）和碳酸盐（菱锶矿 $SrCO_3$）形式存在，其中以天青石为主。我国锶矿储量丰富，主要分布在青海、新疆、江苏、云南、四川等地。另外，一些地区的地下卤水中也含有丰富的锶资源。其中，我国青海柴达木盆地南翼山油田水中锶资源储量丰富。表 8-1 列出了南翼山油田水物质组分的含量[2]。由表 8-1 可见，油田水中的组分非常复杂，除了含有丰富的 $Sr^{2+}$ 外，还含有大量的 $Ca^{2+}$、$Mg^{2+}$、$K^+$、$Na^+$、$Li^+$ 等。其中，钙和锶同属碱土金属元素，且在元素周期表中为相邻周期，它们形成的物质在物理和化学性质上有很多相似之处。所以，在 $Ca^{2+}$ 和 $Sr^{2+}$ 共存的情况下，经济高效地分离提取出锶比较困难[3]。目前，有美国专利[4-7]、中国专利[8]对氯化锶氯化钙共存的样品分离进行过研究，从文献 [4]-[8] 可以看出，要从氯化钙、氯化锶共存体系中提取锶，钙锶比都要求比较低。由表 8-1 可见，在南翼山油田水中，Ca 和 Sr 质量摩尔浓度含量的平均值比例高达 25：1，这给锶资源的提取带来了极大的困难。在工业生产过程中，利用油田水中不同盐类的溶解度的差异，对其进行蒸发浓缩，可以将无机盐逐步分离[9]。但是，由于锶和钙及其对应的化合物有着非常相似的结构和化学性质，在常温蒸发过程中会析出 $CaCl_2 \cdot 6H_2O$ 和 $SrCl_2 \cdot 6H_2O$ 固溶体，在高温蒸发过程中会优先析出 $CaCl_2$，这使得分离出的锶产品中含有大量的钙杂质。所以，如何从富含钙的氯化物水溶液中高效、经济地分离出锶，是目前急需解决的问题。

**表 8-1　南翼山油田卤水物质组分含量**

| 离子（盐） | 最小值/mg·$L^{-1}$ | 最大值/mg·$L^{-1}$ | 平均值/mg·$L^{-1}$ |
|---|---|---|---|
| $K^+$ | 6760.00 | 31300.00 | 27078.00 |
| KCl | 12889.30 | 59679.70 | 51586.72 |
| $Na^+$ | 41750.00 | 97500.00 | 50293.75 |

| 离子（盐） | 最小值/mg·$L^{-1}$ | 最大值/mg·$L^{-1}$ | 平均值/mg·$L^{-1}$ |
|---|---|---|---|
| $Ca^{2+}$ | 15370.00 | 192800.00 | 62836.00 |
| $Mg^{2+}$ | 604.00 | 5139.00 | 3004.62 |
| $Li^+$ | 192.00 | 752.00 | 640.25 |
| LiCl | 1172.99 | 4594.19 | 3912.08 |
| $Sr^{2+}$ | 1530.00 | 6175.00 | 5363.75 |
| $Cl^-$ | 162600.00 | 238800.00 | 229870.00 |
| 矿化度 | 270900.00 | 409800.00 | 391675.00 |

　　水盐体系相图可以用来指导上述的生产实践，为提出 Ca 和 Sr 分离的工艺流程奠定基础，因此，三元体系 $SrCl_2$-$CaCl_2$-$H_2O$ 的相平衡对钙锶分离方法的设计非常重要。关于三元体系 $SrCl_2$-$CaCl_2$-$H_2O$ 的相平衡的研究，Assarsson[10] 报道了不同温度下该体系的溶解度，其中在 291.15 K、301.15 K、301.65 K、302.15 K、302.45 K、302.85 K、333.15 K 和 373.15 K 报道了较为完整的溶解度数据，在温度 317.45 K、317.85 K 和 318.45 K 下报道了 2~3 个溶解度数据，从文献报道看，在温度 333.15 K 时相图中平衡固相中存在 $Ca(Sr)Cl_2·6H_2O$ 固溶体。毕玉敬等人[11] 报道了该三元体系 $SrCl_2$-$CaCl_2$-$H_2O$ 在 298.15 K 时的相平衡研究，该温度下平衡固相为 $CaCl_2·6H_2O$、$SrCl_2·6H_2O$ 和 $Ca(Sr)Cl_2·6H_2O$ 固溶体。张晓[12] 报道了 323.15 K 时平衡固相为 $CaCl_2·2H_2O$、$SrCl_2·6H_2O$ 和 $Ca(Sr)Cl_2·6H_2O$ 固溶体，作者所在课题组[13] 研究了该体系在 323.15 K 时的相平衡数据，平衡固相为 $CaCl_2·2H_2O$、$SrCl_2·2H_2O$ 和 $SrCl_2·6H_2O$，研究过程中未发现 $Ca(Sr)Cl_2·6H_2O$ 固溶体。Gao 等人[14] 报道了 $SrCl_2$-$CaCl_2$-$H_2O$ 三元体系 373.15 K 的相平衡研究，平衡固相为 $CaCl_2·2H_2O$、$SrCl_2·H_2O$。Li 等人[15] 报道了 $SrCl_2$-$CaCl_2$-$H_2O$ 三元体系 288.15 K 的实验相平衡研究，平衡固相为 $CaCl_2·6H_2O$、$SrCl_2·6H_2O$ 和 $Ca(Sr)Cl_2·6H_2O$ 固溶体。Li 等人[16] 报道了 $SrCl_2$-$CaCl_2$-$H_2O$ 三元体系 298.15 K 的实验相平衡研究，并利用文献和测定的实验数据拟合了 298.15 K 到 373.15 K 的二元参数和混合参数，并计算了多温溶解度相图。曹大群等人[17] 报道了 $SrCl_2$-$CaCl_2$-$H_2O$ 三元体系 338.15 K 的相平衡的实验研究，平衡固相为 $CaCl_2·2H_2O$、$SrCl_2·2H_2O$ 和 $SrCl_2·6H_2O$。雷锦顺等人[18] 报道了 Li-Na-K-Mg-Ca-Sr-Cl-$H_2O$ 七元体系多温相平衡性质的热力学模拟研究，探讨了含锶卤水在不同条件下蒸发的结晶问题。综合上述研究结果，研究者聚焦三元体系 $SrCl_2$-$CaCl_2$-$H_2O$ 的多温相平衡和热力学性质研究，针对体系中涉及的 $Ca(Sr)Cl_2·6H_2O$ 固溶体相的形成进行了一系列的研究，形成了一批有价

值的成果，这给钙锶分离的方法设计提供了可能，也有文献［16］依据三元体系 $SrCl_2$-$CaCl_2$-$H_2O$ 相图设计模拟钙锶分离工艺路线，但未见具体实施报道。本书在文献报道和本实验室研究基础上，研究和分析了对于钙锶分离具有关键指导意义的三元体系 $CaCl_2$-$SrCl_2$-$H_2O$ 的氯化锶与氯化钙水合盐共饱和点的相平衡，并用于指导实验室模拟钙锶分离实验研究。

## 8.2 三元体系 $CaCl_2$-$SrCl_2$-$H_2O$ 相平衡研究

### 8.2.1 实验方法

采用等温溶解平衡法测定三元体系 $SrCl_2$-$CaCl_2$-$H_2O$ 相平衡，首先向盛有 $SrCl_2$ 和 $CaCl_2$ 固液混合溶液的平衡瓶中加入磁子，将平衡瓶密封，放入设定好温度的恒温水浴槽中，水浴温度和实验目标温度的差值波动范围小于 ±0.02 K。在恒温水浴槽下方放置磁力搅拌器，保证平衡样品一直处于搅拌状态，以缩短其到达平衡的时间。实验过程中所使用的恒温水浴槽装置及平衡瓶装置图与图 5-2 中描述的一致。待体系达到溶解平衡状态时，将磁力搅拌器关闭，静置 8~10 h 后用恒温过的注射器取上层清液置于称量瓶中并称量，分别分析溶液中离子的含量，每个离子分析三个平行样，AgCl 重量法分析溶液中的 $Cl^-$ 浓度，碳酸盐重量法结合 AgCl 重量法确定溶液中 $Ca^{2+}$ 和 $Sr^{2+}$ 浓度。用恒温过的玻璃漏勺捞取出湿渣置于称量瓶中，准确称量重量，以去离子水稀释转移至容量瓶中，湿渣彻底溶解之后再转移到烧杯中分析离子的含量。固相的组成同时用湿渣法[19]和 X 射线辅助确定。

### 8.2.2 分析方法

离子分析过程中需要精确取样，本实验用质量滴定瓶[20]替代传统的较低精度的移液管，使得取样精度由原来的 ±0.02 mL 提高为 ±0.0002 g，精度提高了100 倍。离子的分析全部选择重量法，本实验中涉及的重量分析法为 AgCl 重量法分析溶液中的 $Cl^-$ 浓度，碳酸盐重量法[21]结合 AgCl 重量法确定溶液中 $Ca^{2+}$ 和 $Sr^{2+}$ 浓度。平衡固相用湿渣法确定，并辅以 X 射线粉末衍射的手段鉴定其晶体组成。本实验测量数据的误差不超过 0.5%。

### 8.2.3 平衡时间的确定

为了确定等温溶解度相平衡实验平衡时间，在实验之前首先分别配制了 $CaCl_2$ 和 $SrCl_2$ 的固液平衡水溶液，并在平衡第 5 天和第 6 天分别取样分析其组成，两次分析的浓度之间的相对偏差为 0.08%。因此确定了三元体系的平衡时间为 7 天。

### 8.2.4 平衡样品的取样

试样平衡 7 天后，关闭恒温水浴槽下面的磁力搅拌器，使平衡样品静置 12 h。12 h 后，在水浴槽上方放置一加热灯，控制水浴槽外部取样处温度与水浴槽温度接近，避免取样过程中样品结晶影响研究结果。将 20 mL 的取样器和玻璃漏勺放入与水浴槽设定相同温度的烘箱中预热 30 min。然后，先用取样器迅速取出静置后的上方清液，并迅速转移至事先称重的玻璃称量瓶中，称取所取清液的质量，再用玻璃漏勺取出平衡瓶下方的固相，并同样迅速转移至事先称重的玻璃称量瓶中，称取所取湿渣相的质量。最后，将平衡瓶从恒温水浴槽中取出，封口，备用。

### 8.2.5 平衡样品的稀释

为保证实验的精度，分析时取样质量越大，误差越小，但是，由于平衡后的样品浓度很高，这就导致分析所需要的沉淀剂、洗涤剂等用量的增加，其操作不便。因此，将称量瓶中经过精确称量的样品进行稀释。具体操作如下：将称量瓶中的样品缓慢加二次蒸馏水稀释，然后转移至经过准确称重的 100 mL 的容量瓶中，反复洗涤称量瓶，并将洗涤过的液体同样转移至容量瓶中，完全转移后，加二次蒸馏水粗略地定容，称量溶液和称量瓶的总质量。然后，将容量瓶密封，摇匀，静置待测。

### 8.2.6 三元体系 $SrCl_2$-$CaCl_2$-$H_2O$ 多温溶解度

采用等温溶解平衡法测定的 $SrCl_2$-$CaCl_2$-$H_2O$ 体系共饱点的溶解度数据见表 8-2。根据表 8-2 中的数据绘制的相图和溶解度放大图如图 8-1 所示。本实验研究和文献报道的 $CaCl_2 \cdot 2H_2O$ 和 $SrCl_2 \cdot 2H_2O$ 共饱点的液相组成数据。对应的图示见图 8-1。

**表 8-2 三元体系 $SrCl_2$-$CaCl_2$-$H_2O$ 不同温度下 $CaCl_2 \cdot 2H_2O$ 和**
**$SrCl_2 \cdot 2H_2O$ ($SrCl_2 \cdot H_2O$) 共饱点**

| 温度/K | 液相组成/% | | | 湿渣组成/% | | | 数据来源 |
|---|---|---|---|---|---|---|---|
| | $CaCl_2$ | $H_2O$ | $SrCl_2$ | $CaCl_2$ | $H_2O$ | $SrCl_2$ | |
| 323.15 | 56.41 | 42.93 | 0.66 | 50.08 | 36.08 | 13.84 | 文献 [13] |
| 333.15 | 57.10 | 41.90 | 1.00 | 40.60 | 21.20 | 38.20 | 文献 [10] |
| 338.15 | 55.16 | 43.83 | 0.98 | 56.44 | 40.71 | 2.85 | 文献 [17] |
| 353.15 | 58.16 | 39.95 | 1.89 | 52.74 | 26.87 | 20.39 | 本书工作 |
| 100 | 58.96 | 38.49 | 2.55 | — | — | — | 文献 [14] |
| | 59.10 | 38.20 | 2.70 | 67.10 | 29.30 | 3.60 | 文献 [10] |

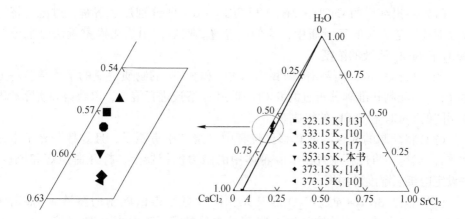

图 8-1　三元体系 $SrCl_2$-$CaCl_2$-$H_2O$ 不同温度下 $CaCl_2 \cdot 2H_2O$ 和

$SrCl_2 \cdot 2H_2O(SrCl_2 \cdot H_2O)$ 共饱点

由图 8-1 可见，随着温度的升高，$CaCl_2$ 和 $SrCl_2$ 的共饱点会向右偏移，即随着温度的升高，共饱点处对应的 $SrCl_2$ 含量会增大。根据表 8-1 中给出的南翼山油田水物质组成的平均含量可计算获得油田水中 $CaCl_2$ 和 $SrCl_2$ 的质量比为 17.93（质量摩尔浓度比为 25.66），对应的固相组成点在图中为 $A$ 点。由图 8-1 可见，温度在 323.15~373.15 K 条件下，$CaCl_2$ 和 $SrCl_2$ 的共饱点皆在代表南翼山 $CaCl_2$ 和 $SrCl_2$ 平均组成的红线左侧。所以，对油田卤水在 323.15~373.15 K 温度范围内进行蒸发浓缩时，首先会析出含结晶水的 $SrCl_2$ 盐（$SrCl_2 \cdot 2H_2O$ 或 $SrCl_2 \cdot H_2O$）。然后，在达到共饱和后，同时析出含结晶水的 $CaCl_2$ 和 $SrCl_2$ 盐。另外，共饱点距离红线距离越远，则表明在达到共饱和之前，蒸发浓缩过程中会析出更多的锶盐，所以，同等条件下，温度越低，锶盐的析出量越多。考虑到温度过低时会产生 $Ca(Sr)Cl_2 \cdot 6H_2O$ 固溶体，选择合适的温度蒸发浓缩提取 $SrCl_2$ 极为重要。本书研究在温度 323.15 K 的 $CaCl_2$-$SrCl_2$-$H_2O$ 相图，未发现 $Ca(Sr)Cl_2 \cdot 6H_2O$ 固溶体。从相图分析可以看出，低温相较于高温，共饱点偏离红线更远，提取回收率更高，且较低的温度，在实际生产过程能耗较低。因此，本书尝试在 323.15 K 条件下开展钙锶分离实验。

## 8.3　蒸发浓缩法钙锶分离实验

蒸发浓缩法钙锶分离实验在保温箱体进行，用白炽灯作为热源，通过空气浴来维持保温箱体的温度。其中保温箱体内装有风扇来保证各处温度稳定平衡，通过电接点温度计来控制箱内温度为设置温度。对应的实验装置如图 8-2 所示。具体实验过程如下：

（1）将提纯后的 $CaCl_2 \cdot 2H_2O$ 和 $SrCl_2 \cdot 6H_2O$ 分别加水溶解，过滤，将滤液分别转移至 2 L 的容量瓶中，摇匀，静置。然后，用氯化银重量法分别分析 $CaCl_2$ 和 $SrCl_2$ 溶液的浓度。

（2）根据表 8-1 中给出的南翼山 $CaCl_2$ 和 $SrCl_2$ 的物质组成的平均值，将上述（1）中配制并准确分析过的 $CaCl_2$ 和 $SrCl_2$ 溶液进行混合，以获得和实际油田水相同的 $CaCl_2$ 和 $SrCl_2$ 的组成。

（3）将配制的混合溶液转移至烧杯中（烧杯中有磁子，且烧杯和磁子事先称重）。然后，将烧杯放置在恒温箱体中的磁力搅拌器上，打开白炽灯和风扇，并设定电接点温度计温度。

（4）根据 $SrCl_2$-$CaCl_2$-$H_2O$ 的三元相图计算获得由配制的溶液到 $CaCl_2 \cdot 2H_2O$ 和 $SrCl_2 \cdot 2H_2O$ 共饱和时所需蒸发水分的量，对烧杯中的溶液进行蒸发浓缩。

（5）当溶液达到 $CaCl_2 \cdot 2H_2O$ 和 $SrCl_2 \cdot 2H_2O$ 共饱和时，将烧杯中的溶液和析出的固体进行减压过滤（过滤操作在恒温箱中进行）。过滤后，收集过滤后得到的固体，加水溶解，并将溶解后的溶液转移至经过准确称重的烧杯中，称量烧杯和溶液的总质量。最后，对烧杯中的溶液进行准确的分析，分别获得 $CaCl_2$ 和 $SrCl_2$ 的浓度。

（6）将经过分析后剩余的溶液再次放入恒温箱体中，重复步骤（3）~（5）。

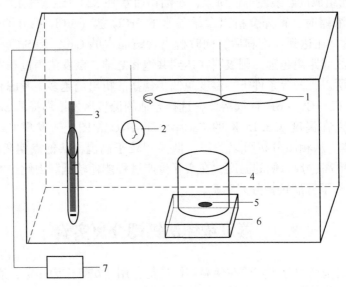

图 8-2 恒温蒸发浓缩实验装置图

1—风扇；2—加热灯；3—电接点温度计；4—烧杯；5—磁子；6—磁力搅拌器；7—温度控制器

按照前述分析过程，确定将钙锶分离实验在 323.15 K 条件下进行，实验分离结果见表 8-3，表 8-3 列出了初始的混合溶液中 $CaCl_2$ 和 $SrCl_2$ 的初始浓度及混合溶液质量，第一次蒸发浓缩过滤后，加水溶解得到的溶液中 $CaCl_2$ 和 $SrCl_2$ 的浓度及混合溶液质量，第二次蒸发浓缩过滤后，加水溶解得到的溶液中 $CaCl_2$ 和 $SrCl_2$ 的浓度及混合溶液质量。

**表 8-3 $CaCl_2$ 和 $SrCl_2$ 混合溶液浓度**

| 编号 | 混合溶液质量/g | $m_{CaCl_2}$ /mol·kg⁻¹ | $m_{SrCl_2}$ /mol·kg⁻¹ | 摩尔比 ($m_{CaCl_2}/m_{SrCl_2}$) | $SrCl_2$ 回收率/% | $SrCl_2$ 总回收率/% |
|---|---|---|---|---|---|---|
| 1 | 2412.49 | 5.41 | 0.21 | 25.46 | — | |
| 2 | 222.37 | 1.73 | 1.00 | 1.73 | 52.47 | 41.28 |
| 3 | 150.53 | 1.25 | 1.13 | 1.10 | 78.67 | |

由表 8-3 可知，借助 323.15 K 下的三元体系 $SrCl_2$-$CaCl_2$-$H_2O$ 相图，经过两次蒸发浓缩分离后，$CaCl_2$ 和 $SrCl_2$ 物质的量的比值由最初的 25.46 : 1 降到了 1.1 : 1，并且 $SrCl_2$ 总回收率为 41.28%。第一次的分离效果要优于第二次的分离效果。但是第一次分离后，$SrCl_2$ 的回收率比第二次要偏低。另外，由图 8-3 可见，本实验开始配制的混合溶液系统点对应于图中的 $O$ 点，$CaCl_2$ 和 $SrCl_2$ 等比例线对应图中虚线 $a$，第一次蒸发水分的过程对应图中 $O{\rightarrow}B{\rightarrow}A$ 路径，其中 $OB$ 段为 $SrCl_2 \cdot 2H_2O$ 达到饱和之前区域，$BA$ 段对应着 $SrCl_2 \cdot 2H_2O$ 的析出过程，经过 $O{\rightarrow}B{\rightarrow}A$ 路径，过滤后，$CaCl_2$ 和 $SrCl_2$ 等比例线由虚线 $a$ 过渡到虚线 $b$。通过加水溶解后，系统点到达 $P$ 点，在 $P$ 点处开始蒸发浓缩，进行第二次分离，蒸

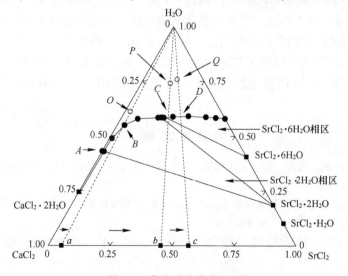

图 8-3 蒸发浓缩分离相图

发浓缩过程对应图中 $P \rightarrow C \rightarrow A$ 路径，其中 $PC$ 段为 $SrCl_2 \cdot 2H_2O$ 和 $SrCl_2 \cdot 6H_2O$ 达到饱和之前区域，$CA$ 段对应为少量的 $SrCl_2 \cdot 6H_2O$ 和大量的 $SrCl_2 \cdot 2H_2O$ 析出过程，经过 $P \rightarrow C \rightarrow A$ 路径，过滤后，$CaCl_2$ 和 $SrCl_2$ 等比例线由虚线 $b$ 过渡到虚线 $c$，过滤后得到的固体加水后系统点到达 $Q$ 点。

由于本实验研究的目标体系中含有极高浓度的 $CaCl_2$，且高浓度的 $CaCl_2$ 具有较高的黏稠性，所以，本实验过程中，两次蒸发浓缩分离后的过滤过程会夹带大量的含有高浓度 $CaCl_2$ 的母液。由于母液的夹带，这导致第一次和第二次分离后的产品无法达到非常高的纯度。另外，本实验并没有进行第三次蒸发浓缩分离，由图 8-3 可见，若从 $Q$ 点开始蒸发浓缩进行第三次分离，蒸发浓缩到达 $D$ 点后会进入 $SrCl_2 \cdot 6H_2O$ 相区，此时首先析出 $SrCl_2 \cdot 6H_2O$，由于 $SrCl_2 \cdot 6H_2O$ 的析出会瞬间从溶液中带出大量的 $H_2O$，在很短的时间内使得溶液变成黏稠的固体，析出的 $SrCl_2 \cdot 6H_2O$ 必然夹带大量原溶液中的 $CaCl_2$。另外，黏稠的固相在抽滤过程中无法很好地实现固液分离，该过程也会夹带大量的 $CaCl_2$。所以，要进一步分离提取 $SrCl_2$，需要在分离两次的基础之上，选择更高的温度（该温度下的相图中不存在 $SrCl_2 \cdot 6H_2O$ 相区）进行蒸发浓缩，并借助对应温度下的 $SrCl_2$-$CaCl_2$-$H_2O$ 三元等温相图来指导实践。

# 8.4 本章小结

本书中的研究工作根据青海南翼山油田水中 $CaCl_2$ 和 $SrCl_2$ 的含量，以本课题组实验测得的 323.15 K 下的 $SrCl_2$-$CaCl_2$-$H_2O$ 相图和多温共饱和点数据为基础，配制了 $CaCl_2$ 和 $SrCl_2$ 的混合溶液，模拟高钙锶比油田卤水开展钙锶分离实验。通过相图指导实验过程中所需蒸发浓缩的量，经过两次分离操作后，溶液中的 $CaCl_2$ 和 $SrCl_2$ 的物质的量的比由开始的 25.46:1 降到了 1.1:1，氯化锶的总回收率达到 41.28%。说明了相图对生产实践的指导具有重大的意义，更表明在 323.15 K 条件下对高钙锶比油田卤水中氯化锶的初步分离具有比较理想的实验结果。

## 参 考 文 献

[1] 韩松昊，税鹏，余超，等. 中国锶资源现状及可持续发展建议 [J]. 科技通报，2018，34 (1): 1-5.

[2] 青海省地质调查院. 青海省柴达木盆地西部第三系富钾硼锂碘油田水资源远景区评价 [R]. 西宁: 青海省地质调查院，2003.

[3] 黄培锦，钟辉，杨思伊，等. 无机盐生产中锶钙分离 [J]. 无机盐工业，2008，40 (11): 1-4.

[4] GASKA R A, MIDLAND, CANUTE R A. Method of separating strontium chloride from mixed

solutions using ethanol：US3495953 ［P］.

［5］ JONES C W. Method of obtaining strontium from mixed solutions：US1831251 ［P］.

［6］ GASKA R A, MIDLAND, CANUTE R A. Method of recovering strontium chloride：US3498758 ［P］.

［7］ BAUMAN W C, LEE J M. Recovery of strontium from brine that contains strontium and calcium：US4110402 ［P］.

［8］ 王寿江，王树轩. 一种氯化锶氯化钙分离方法：中国, CN102320643 ［P］.

［9］ 李武，董亚萍，宋彭生，等. 盐湖卤水资源开发利用 ［M］. 北京：化学工业出版社, 2012.

［10］ ASSARSSON G O, BALDER A. Equilibria between 18 ℃ and 114 ℃ in the aqueous ternary system containing $Ca^{2+}$, $Sr^{2+}$ and $Cl^-$ ［J］. J. Phys. Chem. 1953, 57：717-722.

［11］ 毕玉敬，孙柏，赵静，等. 25 ℃时三元体系 $SrCl_2$-$CaCl_2$-$H_2O$ 相平衡研究 ［J］. 无机化学学报, 2011, 27：1765-1771.

［12］ 张晓. 五元体系 $Na^+$, $K^+$, $Ca^{2+}$, $Sr^{2+}$//$Cl^-$-$H_2O$ 及其子体系 323 K 时相平衡实验及不确定度研究 ［D］. 成都：成都理工大学, 2018.

［13］ HAN H J, JI X, MA J J, et al. Water activity, solubility determination, and model simulation of the $CaCl_2$-$SrCl_2$-$H_2O$ ternary system at 323.15 K ［J］. J. Chem. Eng. Data, 2018, 63：1636-1641.

［14］ GAO Y Y, YE C, ZHANG W Y, et al. Phase Equilibria in the ternary system $CaCl_2$-$SrCl_2$-$H_2O$ and the quaternary system $KCl$-$CaCl_2$-$SrCl_2$-$H_2O$ at 373 K ［J］. J. Chem. Eng. Data, 2018, 63：2738-2742.

［15］ LI D C, ZHANG Z Y, FAN R, et al. Solid-liquid phase equilibria in the aqueous systems （$CaCl_2$+$SrCl_2$+$H_2O$） and （$NaCl$+$CaCl_2$+$SrCl_2$+$H_2O$） at 288.15 K ［J］. J. Chem. Eng. Data, 2019, 64：2767-2773.

［16］ LI D, MENG L Z, GUO Y F, et al. Chemical engineering process simulation of brines using phase diagram and Pitzer model of the system $CaCl_2$-$SrCl_2$-$H_2O$ ［J］. Fluid Phase Equilibria, 2019, 484：232-238.

［17］ 曹大群，金艳，陈杭，等. 338.15 K 时四元体系 $CaCl_2$-$SrCl_2$-$BaCl_2$-$H_2O$ 相平衡测定及溶解度计算 ［J］. 化工学报, 2021, 72 （10）：5028-5039.

［18］ 雷锦顺，李东东，庄子宇，等. Li-Na-K-Mg-Ca-Sr-Cl-$H_2O$ 七元体系多温相平衡性质的热力学模拟研究 ［J］. 盐湖研究, 2021, 29 （3）：17-37.

［19］ 宋彭生. 湿渣法在水盐体系相平衡研究中的应用 ［J］. 盐湖研究, 1991 （1）：15-23.

［20］ 李红霞，董欧阳，姚燕，等. 质量滴定分析方法及其应用 ［J］. 盐湖研究, 2011, 19 （3）：31-36.

［21］ 吉祥，韩海军，李东东，等. 钙锶氯化物体系中钙和锶的重量法分析 ［J］. 冶金分析, 2016, 36 （3）：26-30.